Kontrapunkte

Giorgio Celli

Lügen, Falter und Fossilien

Aus dem Italienischen von
Moshe Kahn

Verlag Klaus G. Renner

Die Originalausgabe erschien 1991 unter dem Titel
Bugie, fossili e farfalle bei il Mulino in Bologna

Umschlagabbildung: Mittelalterliche Darstellung, die
die Vorstellung von der Rundheit der Erde
widerlegen und lächerlich machen sollte
Satz und Druck: Schoder Druck, Gersthofen
ISBN 3-927 480-18-5
Printed in Germany

Pinocchio im Labor

Der wissenschaftliche Irrtum ist – dies läßt sich behaupten, ohne einen Widerspruch befürchten zu müssen – weniger das Kind der Unfähigkeit eines Wissenschaftlers, als vielmehr das Resultat seiner Überzeugungen. Genau das ist der Grund, weshalb sich große Wissenschaftler leichter irren: Sie denken nämlich. Ich denke, also stelle ich Hypothesen auf, entwickle Gedankengänge, bin der Überzeugung, daß die Welt bereit ist, mir Recht zu geben oder mir jedenfalls recht geben muß. Ich vernachlässige ein Faktum, bevorzuge ein anderes, finde eine Verbindung, die mir eher entspricht, glaube immer fester, daß meine wissenschaftlichen Gegner einem Irrglauben anhängen und sich gegen meine Theorie verschwören. Und an diesem Punkt bin ich dann in der Lage, meine Zustimmung zu bekunden, wenn ihre Haltung meiner Anschauung entspricht, und von ihnen abzurücken, wenn sie der Anschauung anderer entspricht; denn – sagen wir es ruhig, wie es ist – die Wahrheit der anderen kann schon deshalb nicht richtig sein, weil sie mit meiner nichts zu tun hat.

Mit einer solchen Geisteshaltung ist man gerüstet, die Dinge ein bißchen zu justieren, falls die Natur sich mit Tatsachen hartnäckig auf die Seite von Kollegen schlägt, die lediglich ein Gran mehr Fortune haben als man selber. Wer spricht denn da gleich von Betrug, Herr des Himmels! Wenn die Nase des weißbekittelten Pinocchio wächst, der aus dem Spielzeugland ins

Spielzeuglabor entrückt wurde, muß man doch nicht gleich in Gezeter über diesen Skandal ausbrechen: Schließlich muß man der Wissenschaft nachhelfen und sie, wenn es sein muß, ein bißchen interpretieren. Was ist schon dabei? Gewiß setzt man sich auch Gefahren aus und darf nicht die Beute allzu schöner Phantasiegebilde werden, wenn man noch wahrhaftig bleiben will.

Nehmen wir den Fall des Professors Johannes Bartholomäus Beringer, der in den ersten Jahren des 18. Jahrhunderts Naturwissenschaften an der Universität Würzburg lehrte. Als Philosoph war er mit einer gewissen visionären Fähigkeit gesegnet und als solcher ein überzeugter Verfechter der Anschauung Avicennas über Fossilien. Obwohl diese aus den Tiefen des Erdreichs an die Oberfläche geförderten ›Dinge‹ die Gestalt von Tieren und Pflanzen hatten, waren sie durchaus keine Überreste alter Lebensorganismen. Im Gegenteil: Bei ihnen handelte es sich um Figuren, die von einer kosmischen Kraft in den Stein geformt worden waren und noch geformt wurden und auf diese Weise Erzeugnisse des Lebens nachbildeten. Heute würde man sagen, es handelte sich um eine morphologische Konvergenz von Anorganischem und Organischem und war, nach Beringers Anschauung, das Symptom für einen Umwandlungsprozeß, für den Übergang vom Stein ins Biologische. Fossilien waren also keine Lebewesen, die einmal gelebt hatten, sondern Lebewesen, die noch nicht lebten, geologische Embryonen oder mineralischer Auswurf – das soll jeder für sich so definieren, wie er mag.

Diese unsinnige, zurechtgebogene Überzeugung, die mehr durch den Handel mit Büchern als durch den

Umgang mit der Natur entstanden war, entwickelte sich für Beringer ziemlich schnell zu weithin sichtbaren Scheuklappen. An schönen Sonnentagen zog er frühmorgens mit seinen Studenten hinaus, auf der Suche nach diesen fossilienhaften Chimären. Sie gruben, sie wälzten das Erdreich um und besuchten Steinbrüche: und er fand Beweise über Beweise für seine These. Und wie viele er fand! Hier eine Kröte, die im Begriff war, sich zu paaren; da eine Spinne, die einer Fliege auflauerte; ein bißchen weiter weg einen merkwürdig geformten Salamander; oder auch kleine unbekannte Tiere, denen es sicher noch nicht gelungen war, aus dem Stein hervorzukommen und weiterhin Teil des Mineralienreichs geblieben waren.

Doch die *vis plastica* von Avicenna-Beringer war ausgesprochen launisch und unvorhersehbar: er war nicht nur ein begeisterter Zoologe, sondern auch Astronom, und aus dem triassischen Felsgestein im nördlichen Bayern traten Abbilder der Sonne, des Mondes und der Planeten zutage. Und dann: der Wind mag ja vielleicht nicht lesen können, doch es sieht so aus, als könne die Geologie schreiben, genauer gesagt: Buchstaben des hebräischen Alphabets, die aus dem Inneren der Erde heraufstiegen und, wie die mosaischen Gesetzestafeln, in ein Stück Fels gehauen waren.

Spätestens dann hätte jeder, der nicht von den verdrehten Phantasiegebilden der eigenen Überzeugungen geblendet war, innegehalten und über die Sache einmal in Ruhe nachgedacht. Beringer dagegen, der bereit war, seine Seele dem Teufel zu verkaufen, nur um zu beweisen, daß er recht hatte – und er glaubte unerschütterlich, daß er recht hatte –, druckte 1726

Die gefälschten Beringer-Fossilien
(Lithographia Würceburgensis, 1726)

eine Monographie, *Lithographia Würceburgensis*, in der alle diese Wunderdinge, diese Skulpturen der Natur als wissenschaftliche Funde aus erster Hand vorgestellt wurden. Doch ach, dieses Phantasiegebilde stand kurz vor seiner Auflösung.

Während eines der üblichen Ausflüge kam das fatale Fossil ans Licht: Beringer fand auf einem der emporgeförderten Steine seinen Namen eingeritzt, und die Wahrheit bahnte sich in ihm, der immer ein Leichtgläubiger ersten Ranges war, langsam ihren Weg. Seine lieben Studenten, die um seine Vorstellungen über die *vis plastica* wußten, hatten sich zu seinem Schaden einen Riesenstreich ausgedacht. Diese Fossilien, die so eigentümlich und dem Herzen des Professors so lieb und teuer waren, waren ihr Werk. Johannes Bartholomäus Beringer war für immer entehrt. Der glücklose Fossilienjäger, der von Avicenna auf eine falsche Fährte gelockt und von seinen Studenten verraten worden war, versuchte, alle Exemplare seiner phantasieentzückten Monographie zurückzukaufen, doch stirbt nichts schwerer als der wissenschaftliche Irrtum: 1767 wurde eine neue Auflage des Werks gedruckt, das seitdem zu einem seltenen und vielbegehrten Buch für Bibliophile geworden ist. Bedauernswerter Beringer, er war es, weitaus mehr als seine Studenten, der sich betrog, ohne es zu wissen, indem er sich hinter seine Theorien verschanzte und sich über jeden Zweifel an ihrer Zuverlässigkeit erhob. Aber in der Wissenschaft, ganz wie bei der Einkommensteuererklärung, stellt Naivität keinen mildernden Umstand dar.

Gewiß war die Paläontologie wegen des seltenen Vorkommens von Funden (man denke nur an die schlaflosen Nächte, die Charles Darwin aufgrund des hartnäckigen Fehlens von überaus zahlreichen »fehlenden Bindegliedern« zwischen den zoologischen Gruppen hatte – damit er seiner Evolutionstheorie widersprechen könne!) seit ihren Anfängen bis heute immer schon eine auf Vermutungen angewiesene Wissenschaft. Der Jäger und vor allem der Deuter von Fossilien hat eine gewisse Ähnlichkeit mit Sherlock Holmes; doch wenn Holmes, zumindest in den Büchern, niemals irrte, ist seinen Nacheiferern in den Laboratorien nicht immer das gleiche Glück beschieden gewesen. Wenn der große Cuvier zu Beginn der wissenschaftlichen Erforschung verschwundener Organismen erklärte: »Gebt mir einen Knochen, und ich rekonstruiere euch das gesamte Tier«, dann zeigt er darin eine gewisse Ähnlichkeit mit Archimedes, der behauptete, die Welt aus den Angeln heben zu können, wenn er einen Ansatzpunkt fände. Das ist ganz einfach wissenschaftliche Prahlerei, doch die Ansicht der Begründer von Anschauungen markiert immer auch das Schicksal ihrer Nachfolger, und im Fall Cuviers hat dessen Wichtigtuerei dazu beigetragen, daß sich die Paläontologen immer autorisiert gefühlt haben, Möglichkeitsfolgerungen in die Nähe von Gewißheiten zu rücken, wobei sie manchmal – aufgrund ihres ungebrochenen Vertrauens in die Logik und in ihren eigenen Riecher – schlichtweg flunkerten. Denn man kann auch flunkern, indem man so tut, als gebe es Gewißheiten, wo es eigentlich nur Hypothesen oder, genauer gesagt, Phantastereien gibt, die wissenschaftlich lediglich *möglich* sind, von denen aber niemand sagen kann, wie *wahrscheinlich* sie sind.

Braucht es dafür eines Beweises? Dann gehen wir von Beringers Zeitalter zu unserem Jahrhundert über und betrachten den Fall des *Ramapithecus*. Dieses Fossil wurde von Edward Lewis zu Beginn der dreißiger Jahre in Ablagerungen der Siwalik-Berge in Indien gefunden. Anfangs wurde beschlossen, daß dieses Fossil das eines Affen war; später in den sechziger Jahren, gliederten die beiden Anthropologen Elwyn Simmons und David Pilbeam es, nachdem sie den Fund – einen Backenknochen und einige wenige Zähne – untersucht hatten, in unsere Entwicklungsgeschichte ein. Kurz gesagt handelte es sich um einen unserer ältesten Vorfahren, der zum Teil gewissermaßen bereits »vermenschlicht« war. Aber betrachten wir einen der logischen Verläufe etwas näher, über den man zu dieser Zuschreibung gelangte: der *Ramapithecus* hatte kleine Eckzähne, *ergo* dienten sie ihm nicht mehr zur Jagd und zur Verteidigung, weshalb er in der Lage gewesen sein muß, Werkzeuge für sich herzustellen. Wenn er das aber tat, brauchte er seine Hände notwendigerweise nicht mehr für die Fortbewegung, mithin war unser Held ein Zweibeiner und hatte den aufrechten Gang. Aber das Werkzeug oder die Waffe dienten zur Jagd, und es gibt viele Gründe anzunehmen, daß der Mensch beziehungsweise der prähistorische Hominide in Gruppen auf Jagd ging; folglich war der *Ramapithecus* ein in Gesellschaftsverbänden lebendes Wesen.

Kommt es dem Leser nicht vor, als würde er, von Indiz zu Indiz, an einem jener logischen Gedankenspiele teilnehmen, mit denen der unvergleichliche Holmes ihm das gesamte Leben eines Unbekannten haarklein erzählt, nachdem dessen Hut oder Uhr unter die Lupe genommen hat? Aber man muß sich nicht wundern: Die Wissenschaft hat sich stets der Phantasie bedient, und jede ihrer Theorien ist zu Beginn mythologische Intuition.

Oder wenigstens hatte Friedrich Nietzsche es so bestimmt, und ich, der ich so weit wie möglich auf der Seite der Imagination stehe, bin weit davon entfernt, irgendeine Verurteilung auszusprechen. Um so mehr... wird es mir der Leser erlauben, Partei für Pinocchio und das Wachsen seiner Nase zu ergreifen. Es stimmt ja, daß jeder wissenschaftliche Forscher es für beleidigend und ausgesprochen entwürdigend hält, wenn man den Verdacht äußert, er könne die Objektivität, die olympische Unparteilichkeit angesichts der von ihm ermittelten Daten auf einen unteren Rang abgedrängt und den Eid, den sich jeder wirkliche Wissenschaftler in seinem Herzen vorsagt, verraten haben: die Wahrheit und nichts als die Wahrheit.

Gewiß könnte man auch eine maßgebliche Quelle zitieren, nämlich Pontius Pilatus, und fragen: »Was ist die Wahrheit?« Aber lassen wir diese Sophismen und heben wir das Problem auf die eigentlich angemessene Ebene der Geschichte der Naturwissenschaft. Paradoxerweise kann es vorkommen, daß der Forscher, der seine Daten ein wenig manipuliert, um sie überzeugender zu machen und mit größerer Durchschlagkraft der Aufmerksamkeit und Zustimmung seiner Kollegen zu unterbreiten, mit diesem kleinen Trick dazu beiträgt, daß die auf diese Weise frisierte Wahrheit ihren Lauf nimmt und seine ihm übelgesonnenen, vielleicht sogar voreingenommenen Gegner aus dem Weg schafft. Denn diese hätten ihrerseits nur darauf gelauert, legitime Zweifel laut werden zu lassen oder auf unvermeidliche Lücken in seiner Theorie – schließlich findet sich der Zustand der Vollkommenheit nur im Himmel – und ihrer experimentellen Beweislage hinzuweisen, worauf der allzu gewissenhafte Wissenschaftler natürlich nur aus lauterstem Ehrlichkeitsbestreben aufmerksam macht, um sie dann ohne viele Gewissensbisse auszuhöhlen.

Diese Apologie der »vorsätzlichen Fälschung« wird mir unübersehbare Unannehmlichkeiten einbringen, das fühle ich; schon sehe ich meine wissenschaftlichen Rivalen jubeln und im Chor die Ansicht vertreten, daß sie immer schon gewußt hätten, daß ich meine Daten erfinden würde und ein armseliger Betrüger sei. Was für ein Glück also, daß ich, getrieben von einem inneren Drang, endlich gestanden habe!

Aber ich widerrufe sogleich alles wieder: Ich habe niemals etwas erfunden, denn ich habe niemals etwas so Grundlegendes entdeckt, das ich der Zustimmung der Nachgeborenen für derart würdig befunden hätte, daß ich dafür das Bußgeld für ein paar »Manipulationen der Vorsehung« bezahlen müßte. Ich sage es noch einmal: Ich bin nicht so größenwahnsinnig, meine experimentellen Daten durch Lügen zu erhärten, in der Überzeugung, daß eine solche Verfahrensweise »einer guten Absicht« diene. Andererseits bin ich einigermaßen träge, und es ist, meiner Ansicht nach, im Grunde viel schwieriger, überzeugende Tabellen zu erfinden, als Daten aus der Natur zu gewinnen. Aber vor allem habe ich nicht darauf verzichtet, auch weiterhin gut und ruhig zu schlafen.

Gregor Mendel war anderer Ansicht, und sicher hatte er insgeheim ein deutliches Bewußtsein von der eigenen Größe und von der Richtigkeit seiner Anschauungen. Warum ich das sage? Weil wir zum »Krimi im Kloster« kommen - diesen Titel könnte man über das Ereignis setzen, das ich dem Leser jetzt erzählen möchte.

Gregor Mendel, der Begründer der Vererbungslehre, einer Wissenschaft, die, von einem Erfolg zum anderen eilend, am Ende auf dem Titelblatt der Biologie unseres Jahrhunderts sein ›Ex libris‹ angebracht hat, war ein Mönch, der sich dem wissenschaftlichen Anbau von Gemüse im Garten seines Klosters in Mähren widmete. Der gerade erst geborene Sigmund Freud hätte einen Geruch von Schwefel oder besser noch: von Sex an diesem frommen Mann wahrnehmen können, der sich mit der Fortpflanzung von Pflanzen beschäftigte. Oder besser, um es keusch auszudrücken, was es dann aber doch wieder nicht war: mit der Vererbung bestimmter Merkmale. Sah so die von Mendel angewandte Methode aus, durch das Schlüsselloch ins Schlafzimmer seiner Eltern zu blicken? Wer weiß. Wir haben keine Möglichkeit, dies zu verifizieren, aber die Psychoanalyse hat ja, wie man weiß, noch nie Beweise nötig gehabt.

Unser Gregor, der ganz in der Pflege von Gemüsegärten und, wie es scheint, von Bienen aufging, war durchaus kein Mensch von geringer Bildung. Ähnlich wie Giuseppe Verdi allerdings, der durch die Aufnahmeprüfung am Mailänder Konservatorium fiel, weil er kein genügend ausgebildetes Gehör besaß, war es Mendel im ersten Anlauf nicht gelungen, die Lehramtsprüfung für den Unterricht in den Naturwissenschaften zu bestehen: er wurde als miserabler Botaniker abgestempelt. Er, der die Klassiker der Biologie gelesen hatte und sein ganzes Leben lang weiterlas, einschließlich Darwin – was für eine Auffassung hatte er bloß vom Mönchtum?! –, und in der Stille seines Klosters Pläne für die Erforschung der Evolution entwickelte, und hier vor allem für die Untersuchung, wie bestimmte Merkmale von einer Generation zur anderen bei den Pflanzen weitergegeben werden, und im besonderen Fall von einer ›Elternerbse‹ an eine ›Kindererbse‹.

Er machte sich an die Arbeit und versicherte sich der handfesten Mithilfe einiger Gärtner, die sich, wie Sir Alister Hardy vermutet, was wir im weiteren noch ausführlicher sehen werden, seinen Forschungen und vor allem seinen Erwartungen bedingungslos verschrieben. Er begann, wie ich bereits sagte, mit der Kreuzung von Erbsen, eine glückliche Wahl, und schon bald und unter Zuhilfenahme von ein bißchen Mathematik, die bei vielen Biologen seiner Zeit äußerst unbeliebt war, fing er an zu verstehen, was seinen berühmten Zeitgenossen entgangen war. Beispielsweise Charles Darwin, um nur einen zu nennen, der, im Vertrauen auf die Vererblichkeit erworbener Eigenschaften zum Lamarckismus bekehrt, die Theorie der ›Pangenese‹ entwickelt, mit der er erklärt, wie etwas vom Vater auf den Sohn vererbt wird. Aber diese Theorie hing völlig in der Luft.

Mendel hatte sich mit der Untersuchung bestimmter variabler Eigenschaften seiner Erbsen beschäftigt: zum Beispiel der glatten oder der schrumpeligen Oberfläche der Samen. Mit großer Feinfühligkeit und einem kleinen, weichen Pinsel übertrug er den Pollen der Pflanzenblüten aus glattem Samen auf die Pflanzenblüten aus schrumpeligem Samen. Und dann wartete er ab.

Alle Pflanzen hatten in der ersten Generation glatte Samen, ein Merkmal, das sich als dominant herausstellte, während das Schrumpelige rezessiv war. Mendel ließ es dann zu einer Selbstbestäubung dieser gleichartigen, also glatten Samen kommen, und die Lage wurde kompliziert, allerdings nicht in einem Ausmaß, daß er ihr auf mathematischem Weg nicht mehr hätte beikommen können. Mendel stellte fest, daß die Nachkommen dieser zweiten Generation die oben genannten Merkmale im Verhältnis von 3:1 aufwiesen, drei glatte Samen und ein schrumpeliger. Die späteren Entdeckungen sind für eine »mutmaßliche Pinocchierie«, die dieses kleine Buch ans Licht bringen will, unerheblich; deshalb übergehe ich hier die Aufzählung im einzelnen und verweise den, der auf sie neugierig geworden ist, auf einige gute Handbücher der Genetik.

1865, als er der Überzeugung war, ins Schwarze getroffen zu haben, verlas Mendel eine Mitteilung über seine Versuche vor der Naturwissenschaftlichen Gesellschaft von Brünn, begegnete aber nur zerstreuten Zuhörern und vereinzeltem Gähnen. Enttäuscht gab er das Ganze zum Druck für die Veröffentlichungen der Gesellschaft und widmete sich nun dem Aufstieg in der akademischen Welt. Vielleicht würde er ja im Olymp der Brahmanen der Naturwissenschaften, die alles sehen und alles vorhersehen, aufmerksamere Zuhörer finden, und wer weiß: auch bewußtere. Das *ausgewählte* Opfer war allerdings nicht *gut gewählt*: Es handelte sich um den Professor Karl von Nägeli, einen hervorragenden Botaniker, der auf Mendels Briefe höchst gravitätisch antwortete und den gemüseanbauenden Mönch aufforderte, sich mit der Pelosella zu beschäftigen, einer Pflanze, die der Herr Großordinarius selbst ausgiebig erforscht hatte und die allein schon deshalb weitaus interessanter war als die Erbsen.

Aber leider war der Rat ausgesprochen schlecht, die Geschlechtsorgane der Pelosella sind klein und schwer zugänglich, und der Pollen ist nur umständlich entnehmbar. Mendel, der ein folgsamer Schüler war, machte sich ans Werk: er verwendete Vergrößerungsgläser, arbeitete auf verschiedene Weise und verbrannte sich wegen des Archimedischen Effekts beinahe die Augen. Der Bedauernswerte!

Und während Nägeli sich weiterhin seiner Wissenschaft und dem eigenen Ruhm widmete, beschloß Gregor Mendel, die Sache auf sich beruhen zu lassen und sich mit den verwaltungstechnischen Angelegenheiten seines Klosters zu beschäftigen, und zwar so lange, bis der liebe Gott ihn rief, Träume und Erbsen in den himmlischen Gärten miteinander zu kreuzen. Er gerät in Vergessenheit, und Staub senkt sich in dicken Schichten über seine *Versuche*.

Anfangs glaubte man, Mendels Ausgrenzung sei vor allem damit zu erklären, daß die Veröffentlichungen der Naturwissenschaftlichen Gesellschaft von Brünn »oben« nicht als eine wichtige Zeitschrift angesehen worden seien, weshalb sich auch niemand die Mühe gemacht habe, die berühmten *Versuche* zu lesen. Doch das war keineswegs der Grund: vor kurzem hat Garfield festgestellt, daß das Werk des böhmischen Mönchs von vielen bedeutenden Wissenschaftlern konsultiert wurde und daß auch Darwin 1876 darüber hatte sprechen hören. Der Beweis? Der große Naturforscher zitiert in einem seiner Werke das Buch von Hofmann, der Mendel und seine Forschungen erwähnt. Aber wissenschaftliche Entdeckungen sind so etwas wie Äpfel: Sie fallen vom Baum, wenn die Zeit reif ist, und dann fallen sie möglicherweise auf den Kopf eines Isaac Newton.

Wir müssen bis zum Beginn unseres Jahrhunderts warten, bevor Mendels Werk seine wissenschaftliche Anerkennung findet, aber dann ist sein Ruhm unaufhaltsam. Es wird nämlich gleichzeitig von drei Wissenschaftlern aus verschiedenen Ländern ausgegraben: Hugo de Vries, Holländer, Karl Correns, Deutscher, und Erich Tschermak, Österreicher. Diese Trinität stürzt, wie vom Blitz getroffen, auf dem Weg nach Damaskus. Mendel hatte recht! Das Geheimnis der Vererbung war der Welt enthüllt worden! Allerdings, allerdings... Mendel hatte Großes entdeckt, das räumt man ihm ein, doch seine *Versuche* enthalten zahlreiche und beunruhigende Dunkelbereiche. Warum sind die vom gemüseanbauenden Mönch auf Tabellen angegebenen Zahlen so offenkundig und endgültig? Es stimmt zwar, daß sich die Übertragung von Erbmerkmalen in die von ihm entwickelten Gesetzmäßigkeiten einfügt, aber doch nicht, zum Teufel nochmal!, auf eine so hilflos präzise Weise. Kurz ausgedrückt: Diese Zahlen sind viel zu befriedigend, als daß sie ohne Einschränkung richtig sein können. Die Natur, und vor allem die Biologie, ist zu unserem Leidwesen durchaus nicht bereit, den, der sie erforscht, mit so viel Glück zu beschenken. Eher ist das Gegenteil richtig.

William Bateson – der nicht nur der Vater des berühmten Gregory war, sondern auch des Wortes ›Genetik‹ – hegt manchen Zweifel. Es stimmt also nicht, was Arthur Koestler sagt, nämlich, daß Bateson einen Meineid auf die allzu transparenten Tabellen schwöre; allerdings bewegt sich seine Ratlosigkeit im Bereich des Platonischen, als Gesprächsgegenstand, über den man nur auf den Gängen der Universitätsinstitute miteinander flüstert, und sonst nichts. Mehr als 30 Jahre vergehen, und es ist nichts so fein gesponnen, es kommt doch ans Licht der Sonnen.

1936 erscheint ein britischer Mathematiker auf der Bildfläche, R. A. Fischer, ein kleiner Mann, der mit ungepflegtem Bart und einer pfannengemusterten Weste durch die Laboratorien zieht. Fischer, der die Grundlagen der sogenannten Biologenstatistik entwickelt hat, ist ein bissiger Typ, und die gigantische Gestalt Mendels ruft keinerlei ehrfürchtiges Buckeln in ihm hervor. Er untersucht die Tabellen der *Versuche* und rechnet alles haarklein nach. Aber irgend etwas stimmt nicht, genauer gesagt, irgend etwas stimmt nur allzu sehr. Zum Beispiel, das oben genannte Verhältnis 3:1 ist so eindeutig, daß es geradezu unwahrscheinlich ist. Also mußte die eine oder andere Zahl frisiert worden sein. Denn bei wiederholten Versuchen wurden Mendels Ergebnisse zwar in der Folge bestätigt, aber doch immer nur annähernd.

Jedenfalls hatte Mendel, unter einem verallgemeinernden Gesichtspunkt, gewiß eine Unterlassungssünde begangen, indem er etwas tat, was auch in der besten wissenschaftlichen Familie vorkommt. Mit anderen Worten, er hat in der Galaxis der Erbmerkmale der Erbsen diejenigen unberücksichtigt gelassen, die ihm unrecht gegeben hätten, indem sie mit *non* antworteten, wie er vorausgesehen hatte. Dagegen schätzte er die Merkmale besonders hoch, die auf der Linie seiner Erwartungen standen. Sein Glück ist es gewesen, daß er die Grundphänomene richtig erkannt hatte, doch ihre Daten waren ein klein wenig aufbereitet.

Wie ich eben schon angedeutet habe, könnten wir sogar das Lob auf seine unschuldsvolle Fabulierkunst singen, wenn sie dazu geführt hat, daß die Wahrheit überzeugender dargestellt wurde. Aber gütiger Gott, daß eines der größten Genies aller Zeiten auf dem Gebiet der Biologie durch »bewußte Unobjektivität« sündigt, kann man nicht ohne weiteres durchgehen lassen. Das darf doch nicht wahr sein, muß der Chor der beleidigten Wissenschaftler gerufen haben. Und gerade, weil er den Clan von jeder Schuld befreien wollte, hatte sich Sir Alister Hardy einen anderen Schluß für diesen Krimi ausgedacht. Unmöglich, daß Mendel herumspintisierte*, *ergo* mußte jemand ande-

* unübersetzbares Wortspiel: das dare i numeri des Orig. bedeutet wörtlich ›die (Lotto-)Zahlen angeben‹; diese Bedeutung ist heute völlig von »spinnen, wirres Zeug reden« verdrängt worden.

rer seine Tabellen ein bißchen aufgemöbelt haben. Wer? Natürlich seine Gärtner, zum Kuckuck nochmal! Diese tüchtigen Jungs, die ihrem Meister so ergeben waren, hatten schnell herausgefunden, mit welchen Zahlen sie ihn glücklich machen konnten und mit welchen sie ihm eine herbe Enttäuschung bescherten. Ach, was tun wir nicht alles, um denen Freude zu bereiten, die wir lieben?! Die Gärtner also hatten Mendels wissenschaftliche Phantasterei von Grund auf begriffen oder sich auf telepathischem Weg einverleibt und sich daran gemacht, die zahlenmäßigen Grundlagen der künftigen Genetik zu fabrizieren, indem sie eine Dezimale hier, eine Auf- oder Abrundung dort anbrachten. Kurz ausgedrückt: indem sie Erbsenlotterie spielten. Aber wieso hatte Mendel seinerseits nie auch nur den geringsten Zweifel, obwohl er doch sah, wie glatt, ja allzu glatt die Dinge verliefen? Ist derjenige denn nicht der Blindeste unter allen, der eine fixe Idee im Kopf hat? Hat Sir Alister Hardy ihn nun von Schuld befreit oder nicht? Natürlich hat er das! Wenn es nämlich die Gärtner waren, die die Angelegenheiten in Ordnung brachten, ist die Ehre der wissenschaftlichen Gemeinschaft doch gerettet ...

Versuchstiere mit Pinsel

Doch verlassen wir nun an diesem entscheidenden Punkt das Pantheon der Genies und mischen wir uns unter die ganz normal Sterblichen: Wird auch ihre Nase manchmal gehörig oder ungehörig lang?

Aber ja! Denn hat Mendel bei seinen Daten ein bißchen dick aufgetragen, um *mehr recht* zu haben, als seine Versuche es darlegen konnten, so gibt es Wissenschaftler, die ganz eindeutig betrogen haben und schmachvoll überführt worden sind. Betrachten wir, zum Beispiel, nur einen Fall, den wir als »Malerei auf Mäusen« bezeichnen könnten und genießen wir ihn ganz.

In der Nacht des 27. März 1974 erlaubte eine unvorangekündigte Durchsuchung - sollte da etwa wer gesungen haben? - im Laboratorium des amerikanischen Immunologen William T. Summerlin, daß eine Gruppe von Kollegen den Wissenschaftler dabei ertappte, wie er einen Fleck auf den Rücken einer schwarzen Maus malte. Es handelte sich um den ungeschickten Versuch eines wissenschaftlichen Betrugs, der den unvorsichtig Ruchlosen die sofortige Entfernung aus dem Universitätsbetrieb kostete. Unser Summerlin hatte in Fachzeitschriften nämlich damit geprahlt, daß es ihm gelungen sei, die Barrieren der biochemischen Individualität zu umgehen, indem er dauerhaft Hautstücke von einem Nagetier auf ein anderes verpflanzt habe, ein Ereignis, das großes Interesse bei den mit Organverpflanzungen befaßten Chirurgen weckte.

Summerlin behauptete, seine außerordentlichen Resultate, kurz gesagt, die unglückselige Notsituation der Abstoßung dadurch überwunden zu haben, daß er die Hautstücke vor der Transplantation in eine Nährlösung legte. Zum Beweis zeigte er schwarze Mäuse mit Zonen weißer Haare auf dem Rücken vor, die von Hauteinpflanzungen weißer Mäuse herrühren sollten. Zudem erfreute sich Summerlin der Gunst des Professors Robert Good, eines international anerkannten Wissenschaftlers, der mit seinem guten Namen für die Entdeckung bürgte. Jedoch, die wissenschaftliche Gemeinschaft ist, wie wir gesehen haben, von ungläubigen Thomasen bevölkert, die ganz begierig sind, ihren Finger auf die Wunde zu legen, und so wurde der Immunologe förmlich eingeladen, seine Versuchstiere aus nächster Nähe vorzuführen.

Als sich Summerlin in die Enge getrieben sah und weil seine Versuche lediglich ein Phantasiegebilde waren, entschloß er sich, gegen Abstoßung immune Tiere zu fabrizieren, jedoch nicht mit dem Skalpell, sondern mit dem Pinsel, und in jener pechschwarzen Nacht wurde er auf frischer Tat ertappt. Mit ihm verglichen war Mendel so rein wie eine Lilie. Summerlin, so entschied die wissenschaftliche Welt, ist der Urheber von Phänomenen, die für Jahrmarktbuden taugen, nicht aber für Laboratorien.

Aber ist das schon die Wahrheit, die ganze Wahrheit? Es sieht so aus, als wären die beim ersten Mal beobachteten weißen Haare echt gewesen, diese Weißfärbung aber nicht auf eine Verpflanzung zurückzuführen sei, sondern auf einen noch nicht erklärten Hauteffekt der Empfängermaus. Summerlin hatte versucht, ein Phänomen zu bestätigen, das er nicht kontrollieren und auch nicht wiederholen konnte, ähnlich wie manches Medium, das gezwungen ist, Lügen aufzutischen, weil sich ein momentaner Ausfall seiner Fähigkeiten eingestellt hat.

Kurz gesagt, der wissenschaftliche Betrug ist ein Labyrinth von Spiegeln: Man weiß zwar, wie man hineinkommt, aber es ist äußerst schwierig, unversehrt wieder hinauszugelangen. Mit anderen Worten: Es ist unmöglich, ein endgültiges Urteil zu fällen, denn letzten Endes beginnt jede Entdeckung mit einer Intuition, und der Falschspieler kann zuweilen mit einer großen seherischen Kraft begabt sein.

Hat das Scherbengericht der Universität einerseits den armen Summerlin voll getroffen, der sein Laboratorium in ein Maleratelier verwandelt hatte, führte andererseits ein ähnliches Schicksal, das die wissenschaftliche Glaubwürdigkeit des Genfer Biologen Karl Illmensee vernichtete, nicht zu dessen Entfernung von seiner Arbeitsstätte, sondern zu seiner »inneren Deportation«. Die Affäre erzeugte einen großen Wirbel in der Presse und stellt einen weiteren Akt in dieser »Komödie für Mäuse« dar, die ich auf die Bühne bringe.

Sehen wir uns die Fakten und die Folgen näher an. Wir befinden uns am Beginn der Gentechnologie, und in der Welt sprach man weit und breit von Klonierungen. Damals wurde sogar ein Science-fiction-Film gedreht, in dem ein nostalgischer Nazi-Wissenschaftler beschlossen hatte, an Klone Adolf Hitlers zu kommen, um ein neues Reich zu gründen. Die Technik ist in der Theorie bestens bekannt: aus der Körperzelle eines Individuums, die zu diesem Zweck aufbewahrt worden ist, kann man eine identische Kopie dieses Individuums erhalten. Aus einer Hautzelle Hitlers also einen neuen Hitler, mit Schnauzbärtchen, besessenen Augen, gewaltiger Stimme und so weiter. Zu Beginn der 80er Jahre war die Klonierung an bestimmten niederen Organismen, wie etwa den Fröschen, bereits durchgeführt worden, doch an Säugetieren, also auch am Menschen, nicht.

1981 verblüffte Karl Illmensee die wissenschaftliche Welt, indem er in der vielbeachteten Zeitschrift ›Cell‹ mitteilte, daß er mit Erfolg drei Mäuse geklont habe. Der Biologe genießt Autorität, und viele glauben ihm. Doch seine Mitarbeiter, von, wie es scheint, späten Gewissensbissen geplagt, beschließen, das Geheimnis nicht zu wahren, und enthüllen der Welt, daß Illmensees Erklärungen nichts als unverschämter Betrug seien. Und zwar in dem Sinn, daß nicht nur die erzielten Ergebnisse nicht der Wahrheit entsprächen, sondern die diesbezüglichen Versuche auch nie zu Ende geführt worden seien. Illmensee selbst unterzeichnet unter dem Druck seiner Verräter in einem Augenblick von Trostlosigkeit eine Erklärung, die den Bluff bestätigt, zieht sie dann aber, wenn auch verworren, wieder zurück und vertraut sich dem Urteil einer Untersuchungskommission an, die berufen wurde, um Licht in die dunkle Angelegenheit zu bringen. Dies hat in Wahrheit ganz den Anschein einer Fehde unter Universitätsprofessoren, Leute, die zu Vorwürfen und Kämpfen neigen.

Die Kommission prüft, grübelt, erörtert, doch am Ende kommt sie zu keinem Schluß, und deshalb wird

Illmensee, im Gegensatz zum armen Summerlin, auch nicht aus Amt und Würden verjagt. Doch lastet der Verdacht auch weiterhin auf ihm, und mit dem Verdacht die Diskreditierung bei vielen Kollegen und das Mißtrauen aller. Der wirklich oder vermeintlich Ruchlose ist damit zur Einsamkeit verdammt, und der hervorragende Biologe erfährt auf diese Weise endgültig das Strafgericht durch Schweigen und Schatten. Die Kommission hat keine Verurteilung ausgesprochen, die wissenschaftliche Gemeinschaft dagegen hat es.

Nun waren weder Summerlin noch Illmensee große Leuchten der Wissenschaft, obwohl sie international hohes Ansehen genossen. Was aber soll man zu dem Betrug eines der Begründer der englischen Psychoanalyse in unserem Jahrhundert sagen? Cyril Burt hatte sich zu Lebzeiten mit der Zwillingsforschung beschäftigt. Von allen verehrt, starb er auf der Schwelle zu seinem 90. Lebensjahr unter der allgemeinen Anteilnahme der wissenschaftlichen Welt. Doch so, als wäre ein Zauber durchbrochen worden, erhoben sich gleich nach seinem Tod die Stimmen der jungen Löwen der Psychologie, die behaupteten, er habe wiederholt und vorsätzlich betrogen.

Ich sagte bereits, daß Burt sich mit Zwillingen beschäftigt hat, und es scheint mir interessant, über diese etwas chimärischen Geschöpfe etwas weitschweifiger auszuholen.

Im Jahr 1714 – ich glaube, Buffon erwähnt dies in seiner *Histoire naturelle* – bringt eine weiße Frau aus Charleston Zwillinge zur Welt. Bis hier scheint der Fall wirklich keiner besonderen Erwähnung wert. Doch die Sache ist die, daß einer der beiden Säuglinge weiß und der andere schwarz ist. Der Vater dieser überraschenden Nachkommen war von diesem Ereignis keineswegs angetan und zwang seine Gattin auf grobe Art, ihm eine überzeugende Erklärung für diese zweifarbige Geburt zu geben. Nach einigem Zögern gestand die Frau, was vorgefallen war: An einem Morgen vor neun Monaten war sie, nachdem sie mit ihrem ihr gesetzlich vermählten Partner Geschlechtsverkehr gehabt hatte, noch etwas im Bett liegen geblieben. Oh, diese Frau! Dann war ein athletischer schwarzer Hausdiener ins Schlafzimmer getreten und hatte sie gezwungen, ihm zu Willen zu sein. Ergebnis: zwei Eier, die sich zur selben Zeit im Uterus befanden, waren kurz nacheinander von den Spermatozoen zweier verschiedener Männer befruchtet worden, und die Geburt hatte sich in eine Allegorie des friedlichen Zusammenlebens der Rassen verwandelt.

Diese Zwillinge, die deshalb außergewöhnlich sind, weil für alle anderen ihrer Art das männliche Befruchtungselement von einem einzigen Mann und nicht von zweien kommt, sind keine echten Zwillinge. In Wirklichkeit handelt es sich bei ihnen, da sie aus zwei verschiedenen Eiern entstanden, um »gleichaltrige Geschwister«, und die physische Ähnlichkeit bei ihnen ist die, die man bei den Angehörigen einer Familie beobachten kann. Echte Zwillinge dagegen, die von einigen auch als »identisch« bezeichnet werden, entstammen einem einzigen befruchteten Ei, das sich, aus noch nicht ganz geklärten Gründen, zweigeteilt oder – bei Drillingen, Vierlingen usw. – auch gevielteilt hat, um vollständigen, eigenständigen Individuen mit identischen Genomen (abgesehen von selten auftretenden Mutationen) Leben zu geben.

Das Phänomen, das diese Mehrgeburten determiniert, wird auch als ›Polyembryonie‹ bezeichnet, und bei manchen Tieren ist dies zu einer normalen Art der Vermehrung geworden. Zum Beispiel: Unter bestimmten Insekten – Lebewesen, die sich oft durch

Überaktivität auszeichnen – führt ein Hautflügler mit dem lustigen Namen *Litomastix truncatellus* eine geradezu spektakuläre Polyembryonie vor: Aus einem einzigen Ei entwickeln sich bis zu 1500 Individuen.

Echte Zwillinge weisen, im Gegensatz zu falschen, in ihrem körperlichen Erscheinungsbild wie in ihrem Verhalten eine bemerkenswerte Ähnlichkeit auf, was noch dadurch erhöht wird, daß sie oft in der gleichen Weise gestikulieren oder sich gleich anziehen. In der Literatur werden Fälle beschrieben, in denen die Mutter nicht erkennen konnte, wer das eine und wer das andere ihrer Spiegelbildkinder war. Es scheint, daß sich eine amerikanische Mutter aus dem Staat Indiana an ein kriminologisches Institut für Identifikation wandte: die Untersuchung der Fingerabdrücke ihrer Zwillingstöchter, die sonst nicht zu unterscheiden waren, wies zum Glück ein paar leichte Unterschiede auf, was dazu führte, daß sich die beunruhigte Frau von diesem Augenblick an sicherer fühlte: im Falle eines Falles hätte sie herausfinden können, welche der beiden Töchter gerade vor ihr stand.

Es ist allgemein bekannt, daß vom Standpunkt der chemischen Individualität aus betrachtet jeder Mensch sich von jedem anderen unterscheidet: nur Zwillinge bilden hierbei eine Ausnahme. Das hat man gesehen, als man anfing, Transplantationen vorzunehmen.

Man weiß, daß die Hauptschwierigkeit dessen, der eine solche chirurgische Verpflanzung von einem Körper auf einen anderen vornimmt, darin besteht, daß das Immunsystem des Empfängers das Herz (sofern es sich um eine Herzverpflanzung handelt) des Spenders nicht als das eigene anerkennt und alles daran setzt, es abzustoßen. Bei Zwillingen ist diese Notlage nicht gegeben, weil es sich unter dem Gesichtspunkt der biochemischen Individualität dabei um getrennte und selbständig tätige Teile desselben Ursprungsorganismus handelt. Kurz ausgedrückt: Die Organe eines jeden der beiden gehören, wenn man so will, dem einen ebenso wie dem anderen.

Als Junge habe ich eine Science-fiction-Geschichte geschrieben, in der ein Zwilling, Gladiator im mythischen Jahr 3001, seinen Bruder tiefgekühlt hatte, um ihn als persönliche Organspendebank zu benutzen. Ich sage dem Leser nicht, wie die Geschichte ausgeht; ich sage nur, daß dies vom biologischen Standpunkt aus zumindest vorstellbar war.

Die Nazis – wenn ich mich richtig erinnere, Himmler und Mengele – zeigten sich sehr interessiert an echten Zwillingen. Über die Sache ist nicht viel bekannt, weil die Verbrechen des Dritten Reichs nie viele Augenzeugen hatten: und der Grund dafür ist leicht nachvollziehbar. Doch das eine oder andere ist durchgesickert. Zum Beispiel: Mengele hatte in Auschwitz ein eigenes kleines Laboratorium, in dem er biometrische Messungen an Zwillingen vornahm, bei denen es sich in vielen Fällen um Kinder handelte. Außerdem geht aus Zeugenaussagen Überlebender hervor, daß er einige Zwillingspaare durch Injektionen tötete, um Sezierungen mit der Absicht durchzuführen, eine gemeinsame Pathologie zu erforschen. Seine Ziele bleiben jedenfalls verwerflich und in ihrer Gesamtheit mysteriös. Der teuflische Arzt war möglicherweise ein sadistischer Träumer großen Stils. Einige vermuten, er habe die Absicht gehabt, den Determinismus des Phänomens zu entdecken, um das vom Krieg ausgeblutete Deutschland durch eine systematische Polyembryonie wiederzubevölkern. Andere sind der Meinung, er habe die Welt mit einer Rasse von »Herrenzwillingen« überziehen wollen. Wie dem auch sei, Auschwitz bot ihm, aus seinem Blickwinkel betrachtet, eine mörderische Chance. Und es war nur konsequent, daß seine Forschungen zu nichts geführt haben. Was davon bleibt, sind ein paar Zahlentabellen ohne jede anthropologische Bedeutung. Und das, obwohl er, in seiner perversen Vorstellung, sich der einmaligen wissenschaftlichen Möglichkeit durchaus bewußt war, die ihm die Endlösung bot – klarer ausgedrückt: Experimente *ad libitum* direkt am Menschen durchführen zu können.

Aber ebenso wahr ist es, daß echte Zwillinge – auch wenn, unter streng wissenschaftlichen Gesichtspunkten, die nationalsozialistischen Forscher nichts als Schlächter waren – von Galton bis heute jeden interessierten, der herausfinden wollte, inwieweit die biologische Vererbung Einfluß auf das menschliche Verhalten und vor allem auf die menschliche Intelligenz gewinnt, und inwieweit dies auf Umwelteinflüsse zurückzuführen ist.

Man begreift ohne Schwierigkeiten, daß echte Zwillinge in dieser Hinsicht ein bevorzugtes Material darstellen: Wenn, sofern sie in unterschiedlicher Umgebung aufwachsen, der eine ein Genie oder doch wenigstens geistig gesund und der andere ein Durchschnittsmensch oder ein Psychopath ist, können wir daraus ableiten, daß die Vererbung hierbei keine Rolle spielt und es die familiären und gesellschaftlichen Verhältnisse sind, die dafür verantwortlich gemacht werden müssen. In diesem Fall hätten das Genie und der Kretin die gleiche biologische Voraussetzung.

In seinem Roman *Die korsischen Brüder* (der auch als Vorlage für einen Hollywood-Film der 30er Jahre mit Douglas Fairbanks in der Doppelrolle seiner selbst und seines Zwillingsbruders diente) erzählt Alexandre Dumas die Geschichte zweier »Identischer«, die zwar von Geburt an getrennt aufwuchsen, aber immer, wenn man das einmal so nennen will, in telepathischer Verbindung miteinander standen. Widerfährt dem einen etwas, empfindet auch der andere Schmerz; verliebt sich der eine, liebt auch der andere – und wie soll der Zufall anders sein – dieselbe Frau. Dieser Roman kann wie ein literarisches Lackmuspapier funktionieren, es genügt die Ausarbeitung des kollektiven Unbewußten bei Zwillingen: Sie waren im Mutterleib ein Fleisch und sie bleiben auch in der Welt ein Fleisch. Das ist natürlich Phantasterei, hat aber im Lauf der Zeit zu weitschweifenden mythologischen Erfindungen geführt.

Damit kommen wir auf unseren Cyril Burt und seine wissenschaftlichen Forschungen zurück, sofern wir sie überhaupt noch als solche bezeichnen können. Burt war überzeugt, daß die Intelligenz nahezu uneingeschränkt von biologischen Erbanlagen und nicht von eventuellen Umwelteinflüssen abhänge – diese Auffassung teilte Burt mit Dr. Mengele und zahlreichen rassistischen Anthropologen. Er entschied daher, und unter diesem Gesichtspunkt zu Recht, daß das Problem »Umwelt ja/Umwelt nein« und dementsprechend »Biologie ja/Biologie nein« durch die Analyse des Intelligenzquotienten, des berühmt-berüchtigten IQ, gelöst werden könne, der bei getrennt aufgewachsenen Zwillingen ermittelt wurde, wobei er nicht außer acht ließ, dieser Zahl auch noch andere Vergleichsfaktoren zur Seite zu stellen, wie etwa den ihres parallelen Geschmacks, ihres Lebensstils und so weiter – auf der Suche, versteht sich, nach möglichen Übereinstimmungen. Wurden echte Zwillinge, die in unterschiedlicher Umgebung aufwuchsen, immer wieder als sehr seltenes wissenschaftliches Material betrachtet, so schien Burt seinerseits mit dieser Überzeugung endgültig aufzuräumen. Er fand sie in Hülle und Fülle und, was für ein Zufall, ihre IQs waren sich immer sehr ähnlich, mehr noch, sie waren es auf wunderbare Weise. Ganz zu schweigen von den Berufen, die seine »Versuchskaninchen« ergriffen, die in vielen Fällen bei beiden Zwillingen gleich waren – dies nur zum Beweis der Bedeutung der biologischen Voraussetzungen.

Burt eilte von einem Erfolg zum anderen und war zu einem ausgesprochenen Magier der Vererbung geworden. Als er alt und von einigen Gebrechen geplagt wurde, betraute er zwei Assistentinnen mit den Feldforschungen, die Doktorinnen Conway und Howard, die ihrerseits bewiesen, daß sie großes Glück beim Ausbrüten von Zwillingen und bei der Bestätigung der Hypothese »Biologie ja« hatten. Doch der Teufel macht, wie jeder weiß, zwar die Töpfe, nicht aber die Deckel: nach Burts Tod möchte eine Journalistin seine beiden Mitarbeiterinnen interviewen und entdeckt, daß sie nie existiert haben! Waren ihre Forschungen ganz und gar von Burt erfunden? Doch die

Jagd auf den Betrug, die gerade begonnen hatte, läßt uns von einer Überraschung in die andere torkeln: Im »British Journal of Psychology«, einer hochangesehenen wissenschaftlichen Zeitschrift, deren Herausgeber wiederum Burt war, waren nach und nach an die 20 ihm gewogene Rezensionen und Zitate aus »zustimmenden«, wenn nicht gar »beifälligen« Arbeiten erschienen. Würden Sie, lieber Leser, das für möglich halten? Alles war aus dem Hut des Zauberers Burt hervorgeholt worden; nur das Kaninchen existierte nicht! Die Autoren der Forschungsberichte und die Forschungen selber gehörten nicht in den Bereich der Wissenschaften, sondern in den Bereich einer besonderen Art von Science-fiction, die der Herr Professor mit seinem Namen unterschrieb. Seine Arbeiten wiesen, wie man inzwischen entdeckt hat, derart makroskopische und derart konstante Übereinstimmungen in ihren Statistiken auf, daß sie für unglaublich gehalten wurden! Daß sie, wie Stephen Jay Gould schrieb, mit unserer Vorstellung vom Unmöglichen koinzidierten.

Aber Burt selber war es, der seine Täuschungsmanöver schriftlich eingestanden hatte. Eines schönen Tages bittet ein gewisser Professor Christopher Jencko den Psychologen, einen Blick in die Originaldaten einer seiner Arbeiten werfen zu dürfen, die Burt über 53 Zwillingspaare verfaßt und, wie gewohnt, einige Jahre zuvor in Druck gegeben hat. Er braucht eine Woche, wie Burt in sein nach seinem Tod aufgefundenes Tagebuch schreibt, um die zur Frage stehenden Daten »auszurechnen«. Also hatte er sie nicht. Mehr noch: er hatte sie nie besessen. Er fabrizierte sie ganz einfach so, am Schreibtisch, mit großer Mühe und ebenso großer *Nonchalance*. Bis der Zufall es wollte, daß ein willkommener Brand im Laboratorium sämtliche Protokolle über seine Experimente vernichtete, wodurch jegliche Kontrolle *à rebours* unmöglich wurde! Lieber, alter Burt, wer weiß, was dir am Ende für eine Nase gewachsen ist. Um so hemmungslos erfinden zu können, mußt du dich doch für den lieben Gott gehalten haben. Denn nur Gott kann sagen: »Ich denke, also stimmt es!« Jede seiner Intuitionen ist, laßt es mich einfach einmal sagen, theologisch wahr, und nur die armen Sterblichen müssen sich abrackern und schwitzen, um vom Mysterium der Welt ein kleines, oftmals völlig lächerliches Bruchstück zu ergattern. Im Spielzeuglaboratorium ist das Vertauschen von Träumen mit Fakten und von Wünschen mit wirklichen Begebenheiten an der Tagesordnung, auch wenn das pervers ist.

Jedoch: Die Zeit ist eine vornehm-freundliche Dame, und die Wissenschaftler, die lügen, bekommen, in Übereinstimmung mit Collodis Geschichte, am Anfang eine lange Nase und am Ende Eselsohren.

Schneewittchens Apfel

Für Giovanni Briolini,
meinen Gefährten im Kampf für die Umwelt

Jetzt komme ich gerne auf eine ganz spezifische Art des »Lügens-ohne-zu-lügen« zu sprechen, die darin besteht, wissenschaftliche Daten so zu schminken, daß man sie nicht mehr interpretieren kann, wie sie *interpretiert werden müßten*, wodurch sie ein unangenehmes Bild zeichnen würden, sondern *wie es einem gefällt*, etwa in der Absicht, sie zu verniedlichen. Es geht dabei um ein kleines semantisches Täuschungsmanöver, mit dem ich mich selbst beschäftigt habe und das darauf aus ist, den einfachen Mann von der Straße auf eine falsche Fährte zu führen.

Die Wahrheit ist nicht jedem zumutbar, behaupten seit jeher gewisse Brahmanen des Wissens; sie ist, um es kurz zu sagen, nicht für die Parias bestimmt, die nicht in der Lage sind zu begreifen, wie sich die Dinge wirklich verhalten. Doch gibt es, und dem Himmel sei Dank, ein paar »Füchse der Ökologie«, engagierte Spione – und ich zögere nicht, mich selbst zu ihnen zu zählen –, die Mitteilungen aus dem Labor auf die Marktplätze durchsickern lassen, weil sie der Überzeugung sind, daß der Nichtfachmann, nur weil er ein Nichtfachmann ist, nicht notwendigerweise ruhig schlafen soll, während sozusagen Wölfe um sein Haus schleichen.

Was ich dem Leser gleich erzählen werde, ist die Geschichte eines Zahlen-Machiavellismus, und sie ist von Anfang bis Ende wahr. Und wenn ich die Namen der Hauptakteure hier nicht nenne, so nur deshalb, weil ich Gras über diese nicht sehr erbauliche Angelegenheit wachsen lassen möchte. Wer aber mehr über sie erfahren will, kann sich in einen Detektiv verwandeln und mühelos die Fachpresse von vor einigen Jahren durchforsten. Er wird dann die Namen der Schuldigen herausfinden. Doch um zu verstehen, wie die Dinge wirklich gelaufen sind, müssen wir die Angelegenheit *ab ovo* verfolgen, und der Leser wird es mir nachsehen, wenn ich ihm auch hier eine kurze Abschweifung zumuten muß.

Vom Ende des Zweiten Weltkriegs an wurde großer Gebrauch – und leider auch Mißbrauch – von organischen Synthesemolekülen gemacht, die über die Pflanzenkulturen verstreut wurden, um all diejenigen pflanzlichen und tierischen Organismen auszurotten, die uns ein Gutteil der für unsere Tische bestimmten Erzeugnisse vorenthielten. Eine organische Chlorverbindung, das DDT, das heute fast überall verboten ist, war eine der ersten dieser Wundersubstanzen, die helfen sollte, den Hunger aus der Welt zu vertreiben. So jedenfalls glaubte man zu Anfang. Doch leider sind einige dieser chemischen Verbindungen, wie etwa die organischen Phosphorverbindungen – das Parathion ist auch heute noch das meistverkaufte – von äußerst unedler Herkunft.

Unsere organischen Phosphorderivate wurden in den Laboratorien Nazi-Deutschlands als Nervengase synthetisiert und mit Hilfe von Molekulartechniken zu starken Insektiziden verwandelt, von denen viele, in Erinnerung an ihre einstige Zuständigkeit, einen hohen Grad von Giftigkeit bewahrt haben, nicht nur für die schädlichen Spezies, sondern auch für warmblütige Säugetiere, einschließlich des Menschen. In den folgenden Jahren hat eine wahre Flut synthetischer Verbindungen den Markt überschwemmt, die mit den unterschiedlichsten mechanischen Vorrichtungen auf Insekten, Kryptogamen, Unkraut und so weiter abgefeuert wurden. Aus einer Schätzung David Pimentels geht hervor, daß derzeit jährlich drei Millionen Tonnen dieser Giftsubstanzen in die Biosphäre abgegeben werden. Eine neuartige und zugleich paradoxe Situation: Vor unserer Zeit gelangten die Gifte aufgrund irgendwelchen Unheils in unsere Umwelt. Heute werden die erwähnten Moleküle freiwillig verbreitet, und es ist das erste Mal in der Geschichte der Menschheit, daß man die Schleusen für einen solchen Giftschwall über unser Erdreich öffnet.

Der Umstand, daß diese Substanzen duchaus nicht harmlos sind, hatte schon bald die Besorgnis vieler »unabhängiger« Wissenschaftler erregt – unter ihnen allen erinnere ich hier nur an Guido Grandi, meinen Lehrer –, bis Rachel Carson, eine amerikanische Biologin, 1962 mit der Veröffentlichung ihres als historisch anzusehenden Buchs *Silent Spring* die Mauern des Schweigens durchbrach. In ihm informierte sie die öffentliche Meinung darüber, daß eine Massenvergiftung in Gang war. Man wurde sich unter anderem bewußt, daß sich nicht nur der Landwirt Gefahren aussetzte, der die teuflischen Moleküle in erster Linie gegen die Feinde seiner Anbaukulturen einsetzte, sondern daß auch der Verbraucher etappenweise vor diesen Querschlägern nicht sicher war. Tatsächlich töten die über die Pflanzen gesprühten chemischen Verbindungen schädliche Organismen, sofern sie sie überhaupt töten, und bauen sich mit unterschiedlicher Geschwindigkeit ab, aber in den meisten Fällen niemals vollständig. Es ist verhängnisvoll, daß ein kleiner Rest im Apfel oder in der Tomate zurückbleibt und der Verbraucher ihn mit dem Essen zu sich nimmt. Zwar sind die Mengen klein, das ist richtig, aber sie werden kontinuierlich eingenommen, vielleicht sogar ein Leben lang: von der Muttermilch des Säuglings bis zum Apfelkompott für den alten Menschen. »Gib uns heute unseren täglichen Rückstand«, könnte eine mögliche Paraphrase des »Vaterunsers« im Zeitalter der Chemie lauten. Unter anderem hat man im Lauf der Zeit durch immer genauere Untersuchungen viele dieser Moleküle für Veränderungen und, im schlimmsten Fall, für Krebsschädigungen verantwortlich gemacht, und deshalb ist der Gebrauch einiger dieser Substanzen verboten worden (nur nicht in der Dritten Welt), andere aber nicht, obwohl es schwerwiegende Indizien gegen sie gibt. Weil man den Gefahren dieser regelrechten Epidemie begegnen mußte, hat man den Stier bei den Hörnern gepackt. Um überhaupt irgendwo zu beginnen, hat man sich die Frage gestellt: Gibt es für eine bestimmte chemische Substanz, etwa das Parathion, die über eine bestimmte Anbaukultur gesprüht worden ist, etwa beim Apfelanbau, eine so minimale Rückstandsmenge im Obst, daß damit die Gesundheit des Verbrauchers nicht gefährdet wird? Dies ist positiv beantwortet worden, und die höchstzulässige, für die Gesundheit unbedenkliche Menge wurde in Milligramm pro Kilo, mg/kg, also als eine Millionstel Einheit ausgedrückt.

Ich gebe ein Beispiel: Birnen, die auf den Markt kommen, dürfen einen Rückstand an Benomil, einem Schimmelvernichtungsmittel, und den von ihm abgeleiteten Substanzen in der Größenordnung von 1 mg aufweisen; liegt die toxische Menge über diesem Wert, gilt das Obst als nicht konform mit dem Gesetz und darf für den Verzehr nicht angeboten werden.

Andererseits, wie schafft es der Landwirt dennoch, auf der richtigen Seite zu stehen? Schnell gesagt: für jede chemische Verbindung, die über die Anbaufläche gesprüht worden ist, wurde eine bestimmte Anzahl von Tagen festgelegt, die zwischen dem Besprühen und der Ernte verstreichen müssen. Diese Anzahl von Tagen, die auch als Sicherheitszeitraum bezeichnet wird, ist, anders ausgedrückt, die Zeitspanne, die notwendig ist, damit sich das eingesetzte Molekül abbauen und der Rückstand sich auf die festgelegte Menge reduzieren kann.

Ich gebe ein anderes Beispiel hierfür: Nehmen wir an, ein Landwirt will das Parathion beim Apfelbaum anwenden; dann muß die letzte Behandlung 20 Tage vor der Ernte durchgeführt werden, damit sich der Rückstand in der Frucht auf 0,5 mg/kg reduzieren kann, wie es das Gesetz vorschreibt. Die Dinge sehen einfach aus, sind es aber nicht. Ja, sie sind es ganz und gar nicht. Es kann nämlich passieren, daß vollkommen ungewöhnliche Klimaverhältnisse den Abbauprozeß des verwendeten Moleküls verzögern und daß die beim Obst- und Gemüsehändler landende Tomate letzten Endes, allerdings in gutem Glauben und unter toxikologischen Gesichtspunkten, eine öffentliche Gefahr ersten Ranges ist. Es kommt auch vor, wie wir alle wissen, daß der gute Glaube nicht immer unbeschadet davonkommt und ein Landwirt, der es nicht so genau nimmt und möglicherweise auch schlecht beraten ist, sich einen Dreck um die »Sicherheitszeitspanne« und die Gesundheit des Verbrauchers schert und solche Äpfel auf den Markt bringt, die den Äpfeln der Hexe bei Schneewittchen verteufelt ähnlich sind.

Leider sind die Vorbeugungseinrichtungen des Gesundheitswesens völlig ineffizient, außer in einigen wenigen lobenswerten Fällen; mitunter verfügen sie nicht einmal über die notwendigen Ausrüstungen und Kompetenzen für die Feststellung von Rückständen in dem, was wir essen. Die Lage ist also keineswegs rosig. Denn auch wenn der abenteuerliche Bruce Ames die onkogenen Gefahren für den Verbraucher herunterspielt, so sind doch nicht alle einer Meinung mit ihm, und 1987 kam eine Gruppe amerikanischer Wissenschaftler zu dem Ergebnis, daß jedes Jahr etwa 20000 Einwohner der Vereinigten Staaten von Tumoren befallen werden, die durch die Einnahme verseuchter Nahrung hervorgerufen werden. Ihre Schätzung war zudem äußerst vorsichtig: sie waren davon ausgegangen, daß alle Nahrungsprodukte, von der Kartoffel bis zum Fleisch, Rückstände unterhalb der vom Gesetz vorgeschriebenen Grenze aufweisen! Wir sind wirklich arm dran: der Salat, der während der guten Jahreszeit auf unseren Tisch kommt, liegt oftmals mit 50% darüber.

Aber kommen wir auf den schmerzlichen, den entscheidenden Punkt zu sprechen. Es scheint offensichtlich, daß die multinationalen Unternehmen auf der einen Seite, die die unter Anklage stehenden Moleküle synthetisieren und vertreiben, und die Bauernverbände auf der anderen Seite ein gemeinsames Interesse haben oder glauben, es zu haben, daß um die Frage der zu hohen Rückstände nicht allzuviel Lärm geschlagen oder sie sogar völlig von Schweigen überdeckt wird. Sonst, so denkt man wohl, könnte der Verbraucher, der entdeckt, daß ein Angriff auf ihn verübt wurde, seine Eßgewohnheiten verändern, zum Beispiel: nicht mehr so viele Äpfel im Winter essen, oder er könnte das Gesundheitsamt um häufigere Kontrollen bitten oder fordern, daß das Gesundheitsministerium aus seinem Versteck hervorkomme und so weiter. Was für ein Wespennest!

Um die Dinge aber noch komplizierter zu machen, unterstützten viele Forscher an den Universitäten die Strategie des Stillschweigens und der Verniedlichung der Daten; einige von ihnen aus der reinen Überzeugung heraus, daß synthetische Moleküle ein notwendiges Übel seien. Wenn man ausreichend essen will, nun ja, so proklamieren sie, dann muß man eben einiges hinunterschlucken, auch Rückstände. Andere dagegen haben weniger lautere Gründe: sie arbeiten seit eh und je mit Geldern multinationaler Gesellschaften; sie entscheiden sich in der Frage der Verseuchung des Planeten und der Nahrungsmittel für Zurückhaltung, um so die Herren des starken Tobaks bei der Stange zu halten. Und dann gibt es wieder stark ideologisch geprägte Forscher, die fest davon überzeugt sind, daß das Gesetz des Schweigens die Landwirte beschütze und die eine oder andere mutwillige Vorgehensweise der ohnehin immer hysterischen Umweltschützer nicht dazu führen dürfe, Leute als Verbrecher abzustempeln, die ihr Brot im Schweiß ihres Angesichts verdienen. Das sind Standpunkte, die teils ehrenvoll, teils gar nicht ehrenvoll sind, aber es scheint mir in keinem Fall gerechtfertigt, jemandem die Erlaubnis zu geben, andere zu vergiften, und sei dies auch im Namen des technischen Fortschritts oder des Fortschritts in der Produktion. Und man wird mich nie und nimmer davon überzeugen können, daß der seiner Rechte beraubte Verbraucher Scheiße fressen und dann auch noch ›Danke!‹ sagen muß.

Kurz gesagt und in Abwandlung des italienischen Sprichworts: Sag's nie dem Verbraucher ins Ohr, wenn ein Molekül zuviel in der Birn kommt vor. Oder im Apfel. Doch die Wahrheit schadet letzten Endes niemandem, und die Aufgabe des Gelehrten, um die berühmte Definition Fichtes aufzugreifen, besteht gerade darin, sie zu sagen.

Aber kommen wir zum Schluß zu der schmerzlichen und vorsätzlichen Affäre: in einer Stadt im Norden, bekannt für ihre metaphysischen Gebäude und für ihre Nebel, für die Anmut ihrer Frauen und für ihr Interesse am Obstanbau, wurden vor noch gar nicht so vielen Jahren auf einer triumphalen Tagung die Ergebnisse von mehr als 20000 Analysen landwirtschaftlicher Erzeugnisse vorgelegt. Man schlug auf die Pauke, um zu beweisen, daß die Rückstände oberhalb der vom Gesetz zugelassenen Grenze äußerst gering, wenn nicht sogar überhaupt nicht vorhanden waren, und daß folglich(!) der Verbraucher keinerlei Befürchtungen zu haben brauchte. Jedoch, jedoch... was für ein Zufall: bei genauerer Betrachtung der auf der Tagung vervielfältigten Tabellen konnte man für bestimmte Erzeugnisse so hohe Prozentanteile an Rückständen erkennen, daß sie über jeder gesetzlichen Norm lagen. Sogar bis zu 30%! Anfangs hatten ich und ein Kollege von mir, ein Computer-Experte und Fachmann für statistische Erarbeitungen, auch nicht die Bohne von dem verstanden, was da einerseits gesagt und andererseits später schriftlich vorgelegt wurde, bis die Wahrheit ans Licht kam, und die war so einfach, daß man nicht einmal hochkomplizierte elektronische Einrichtungen zu Hilfe nehmen mußte, sondern bestenfalls ein Rechenbrett. In der klaren Absicht, eine Lage zu verharmlosen, die nach Vorlage der Fakten in gewisser Weise immer ernster wurde, hatten die Veranstalter der Tagung beschlossen, nicht zu einer richtiggehenden Lüge zu greifen – das hätten sie mit ihrer wissenschaftlichen Ehre gewiß nicht vereinbaren können – sondern zur Darstellung einer kleinen epistemologischen Täuschung, die man in gewisser Weise mit den optischen Täuschungen von Müller-Lyer vergleichen kann, bei denen ein Segment länger erscheint als ein anderes, in Wirklichkeit aber gleich lang ist. Ich vereinfache grob die ganze Geschichte, aber ich entstelle sie nicht. Kurz gesagt, die Dinge haben sich folgendermaßen abgespielt.

Ich hoffe, der Leser wird jetzt nicht ungeduldig, wenn er nicht gleich auf Anhieb versteht, sondern etwas Geduld aufbringt, weil ihm alles ziemlich schnell klar werden wird. Ich und mein Kollege entdeckten nämlich, daß die Prozentangaben der Rückstände von unseren wissenschaftlichen Märchenerzählern nicht ins Verhältnis zu der Anzahl der ausgewählten Produkte, sondern ins Verhältnis zu den Analysen gesetzt wurden, *et voilà,* damit konnte man beruhigt sein. Ich will das sofort deutlicher erklären: Der Leser soll einmal annehmen, daß zehn verschiedene Apfelproben vom Markt ins Labor gebracht worden seien. Die chromatographische Untersuchung ergibt, daß ein bestimmtes Schimmelvernichtungsmittel über der von Gesetz wegen zulässigen Obergrenze liegt. *Ergo* entsprechen 30% der Äpfel nicht den gesetzlichen Vorschriften, und der Verbraucher kann auf diese Weise ersehen (und die Sache ist durchaus nicht frei von Besorgnis), daß etwa ein Apfel von dreien schädlich für die Gesundheit sein kann.

Wollen die Leser jeden Alarm vermeiden und diese besorgniserregende Zahl von 30% auf 3% senken? Ein Kinderspiel, und das Rezept dafür lautet: Man nehme an jeder Apfelprobe neun weitere Analysen vor, wobei man möglichst nach solchen Erzeugnissen suchen sollte, die im Obstanbau nicht sehr gängig sind. Wie das Schicksal es will, wird jede Probe eine mg-Menge aufweisen, die unterhalb der vom Gesetz vorgesehenen Grenze liegt, weshalb wir jetzt nicht nur zehn, sondern 100 Analysen in Tabellen zu übertragen haben; bei diesen entspricht nur das Schimmelvernichtungsmittel nicht den Vorschriften. Und nun passiert das Wunder: die sich auf die Proben beziehenden furchtbaren 30% sind jetzt auf die 3% geschrumpft, die sich auf die Analysen beziehen! Aber denken wir einen Augenblick nach und stellen wir uns die Frage: Ist es korrekt, die prozentualen Anteile der in den Apfelproben gefundenen Rückstände mit der Anzahl der Analysen in Beziehung zu setzen, statt mit den Proben? Die von mir herangezogenen 30% hatten einen

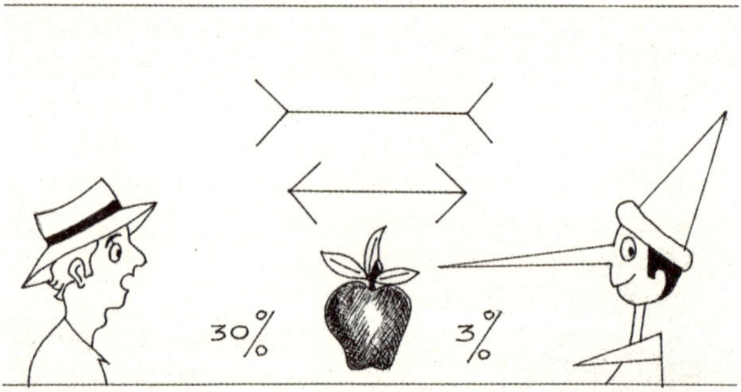

Oben: die optische Täuschung von Müller-Lyer; das obere Segment sieht länger aus als das untere, ist in Wirklichkeit aber gleich lang. Unten: die epistemologische Täuschung über die Rückstände (Zeichnung von Silvia Costa).

Sinn, weil sie, wie ich bereits andeutete, den Verbraucher darüber informieren, daß ein Apfel von dreien nicht ohne Gefahr genießbar war. Diese 3% dagegen sind nur von geringer Bedeutung. Was nützt es uns zu wissen, wie viele von 100 Analysen einen vom Gesetz nicht zugelassenen Wert erbrachten? Ich überlasse dem Leser das abschließende Urteil, damit er lernt, zwischen den Zeilen oder besser gesagt: zwischen den Zahlen zu lesen, auch wenn er wissenschaftliche Tabellen zu Rate zieht. Und sich an Pinocchio und seine Nase zu erinnern.

Der Uroborus

Doch jetzt möchte ich von den Todsünden zu den läßlichen Sünden übergehen. Häufig kommt es vor, daß Wissenschaftler, wenn sie erzählen, wie sie auf ihre Entdeckung gestoßen sind, sich so in ihre Erzählung hineinsteigern, daß daraus ein regelrechter Roman wird. Newtons Apfel und Galileis Pendel scheinen zu dieser goldenen Legende zu gehören, die im nachhinein fabriziert wurde.

Betrachten wir ein wenig genauer ein Beispiel dieser romanhaft verbrämten Wirklichkeit, das, zu Recht oder zu Unrecht, August Kekulé zugeschrieben wird, einem hervorragenden Chemiker, der die ringförmige Verbindung des Benzols erahnt hat, der Substanz, die die Grundlage der gesamten organischen Chemie der Duftstoffverbindungen bildet. Die Geschichte ist mehrfach in Büchern über die Psychologie wissenschaftlicher Entdeckungen erzählt worden, weshalb ich sie hier in aller Kürze wiedergebe. Kekulé versucht zu verstehen, wie sich die im Benzolmolekül vorhandenen sechs Kohlenstoffatome miteinander verbinden. Während er sich grübelnd herumquält, schläft er auf dem Weg nach Hause in der Kutsche ein und träumt von einer archetypischen Gestalt, die den alten Alchemisten bestens bekannt war, nämlich dem *Uroborus*, der Schlange, die sich selbst in den Schwanz beißt. Arthur Koestler hat geschrieben, daß es sich dabei um den wichtigsten Traum seit dem Traum des Pharao von den sieben fetten und den sieben mageren Kühen handle, den Joseph ihm ausdeutete.

Kurz und gut, Kekulé wird von dem Traumbild blitzartig getroffen und entscheidet sich dafür, daß diese verflixten Kohlenstoffatome ringförmig angeordnet sind und drei einfache und drei doppelte Verbindungen aufweisen: Damit trifft er ins Schwarze! Niemals ist die Analogie oder, genauer gesagt, die Identität zwischen literarischer und wissenschaftlicher Intuition deutlicher hervorgetreten: Hatte Samuel Coleridge denn nicht erzählt, daß er sein berühmtes Gedicht *Kublai Khan* nach einem Traum geschrieben hatte? Doch zu ihrem Leidwesen sind sowohl der Chemiker als der Dichter dem Verdacht ausgesetzt worden, sie hätten die Wahrheit ein kleines bißchen geschönt. So hatte beispielsweise ein Kritiker, Livingston Lowes, viel zu viele literarische Bezüge in Coleridges Gedicht gefunden, um die hübsche Geschichte von der Trauminspiration unumwunden glauben zu können.

Nun ist die Sache bei unserem Kekulé etwas schwieriger, und sie wurde von Anfang an auf eine Ebene gehoben, die man als mit epistemologischen Vorurteilen gepflastert definieren könnte. Einige Chemiker, John Wotiz und Susanna Rudolfsky, zeigten geringe Neigung, wissenschaftliche Forschung als ein Wirken der Imagination und Intuition anzusehen; sie traten für die Beobachtung und die ständige Untersuchung von Daten ein und scharten sich zu einer Phalanx gegen Kekulés Traum, indem sie erklärten, es handle sich dabei um reine Hirngespinste. Ihre Einwände haben gute Gründe: Wie kommt es, so fragen sich die Verleumder des *Uroborus*, daß Kekulé in seinen ersten Mitteilungen über seine Entdeckung seine

Reverie nicht erwähnt und erst mehr als zwanzig Jahre später darauf zu sprechen kommt? Aber es ist doch verständlich, antwortet für den Chemiker der Wissenschaftshistoriker Rocke, daß er auf der Seite des Traums stand und sich geweigert hat, an einer öffentlichen Diskussion über diese Frage teilzunehmen, denn er mußte befürchten, daß sie zu einer »Zirkusveranstaltung« ausarten und nicht zu einer wissenschaftlichen Kontroverse führen würde. Kann sich der Leser einen Chemiker vorstellen, der in der Blütezeit des Positivismus und des Induktivismus, aber, bei Gott! auch heute noch, eine Mitteilung mit der Enthüllung beginnt, seine Entdeckung sei ihm durch einen Traum eingegeben worden? Er würde doch sofort als leidenschaftlicher Lottospieler abgekanzelt. Erst als Kekulé eine unanzweifelbare wissenschaftliche Glaubwürdigkeit erlangt hatte, entschloß er sich, sein Schweigen zu brechen und enthüllte seinem Jahrhundert die Wahrheit.

Andererseits scheint einige Jahre vor diesem öffentlichen Bekenntnis eine Fachzeitschrift, die ›Chemischen Berichte‹, eine Parodie über Kekulés Traumschlange veröffentlicht zu haben. Die Mitarbeiter der Zeitschrift waren also bereits über die Geschichte auf dem laufenden, die der Wissenschaftler immer und immer wieder herumerzählt haben mußte.

Um die Dinge aber noch komplizierter zu machen, scheint es nicht nur einen, sondern gleich zwei inspirierende Träume gegeben zu haben: Offensichtlich, das wollen wir zugeben, träumte unser Chemiker ungewöhnlich viel. Aber was kann man dagegen tun? Wir können ihm nur glauben oder auch nicht glauben, ganz nach der Vorstellung, die wir uns darüber machen, wie die Prozesse wissenschaftlicher Forschung ablaufen. Wenn wir glauben, daß der, der sich auf der Jagd nach der Wahrheit befindet, seine Zuflucht auch bei der Phantasie sucht – und ich bin im Grunde dieser Überzeugung – dann hat Kekulé seine inspirierende Schlange geträumt. Wenn wir aber glauben, alles spiele sich nur handfest auf der Erde ab, unter ausschließlicher Beteiligung des Verstandes, dann hat Kekulé ein Märchen nach allen Regeln der Kunst aufgetischt und einen Traum an Stelle eines Faktums eingeschmuggelt, eine Traumintuition an Stelle einer empirischen Beobachtung. An dieser Stelle stoßen wir an jene ungenaue Grenze, wo sich ein eindeutiges Urteil als unmöglich erweist, und dann wird alles zu einer Ermessenssache.

Damit scheint mir der Augenblick gekommen, die »blühende Phantasie« als Quelle wissenschaftlicher Irrtümer in den Zeugenstand zu rufen, und die Affäre um die Marskanäle ist wohl am besten geeignet, die Mechanismen dieser Art unbewußten Betrugs aufzuzeigen. Ich beginne mit einer durch und durch abgedroschenen Behauptung, nämlich der, daß der gestirnte Himmel das früheste wissenschaftliche Interesse im Menschen erregt hat. In den Tiefen der Urwälder oder inmitten der Savannen des Pleistozäns richtete unser früher Vorfahr den Blick zum Himmel, und mit der Gunst der Finsternis hat er, wie es in den populärwissenschaftlichen Astronomiebüchern des vergangenen Jahrhunderts hieß, voller Staunen das Firmament und seine Gestirne betrachtet. Dieses vibrierende, mit leuchtenden Augen übersäte Gewölbe ist auf diese Weise kraft seiner Magie von Anfang an Teil unserer Träume geworden, auch wenn die Verzauberung uns keineswegs daran gehindert hat, die Regelmäßigkeit in den Veränderungen am Himmel zu erkennen, wodurch unsere Unruhe und unsere Neugier geweckt wurden. Zur Stützung dieser sozusagen urtümlichen Wissenschaftlichkeit der Astronomie, hat ein zur Prähistorie bekehrter Ingenieur der NASA, Alexander Marshack, vor etwas mehr als zwanzig Jahren ein Buch in den Druck gegeben, in dem er versuchte nachzuweisen, daß es sich bei bestimmten, vom paläolithischen Jäger in seine Höhlen gemalten Zeichen, wie etwa die Bison-Fresken von Altamira und von Lascaux, nicht um Malübungen handelte, sondern um astronomische Beobachtungen, um früheste Kalender. Dabei muß man bedenken, daß die Ptolemäer dieser »Ursternwarten« Menschen waren, die vor ungefähr 30000 Jahren gelebt haben!

Wie dem auch sei, als es allen klar geworden war, daß einige dieser durch den Himmel »wandernden Lichter« Planeten waren, Welten, mit der unseren vergleichbar, bevölkerte sich die Spiegelfläche unserer Träume mit anthropomorphen Visionen. Man phantasierte herum, behauptete, daß Mars oder Venus von Wesen bewohnt würden, die uns nicht unähnlich seien, und stellte sogar Reisen von der Erde zu diesen neuen Amerikas im Weltraum für »Begegnungen der dritten Art« in Aussicht.

Menschen auf anderen Planeten? Eine gefährliche Anschauung; denn wenn Gott seinen eingeborenen Sohn auf die Erde gesandt hat, um uns zu erlösen, soll das dann auch für unsere fernen Brüder und Schwestern Gültigkeit haben? Oder vielleicht haben sie ja gar nicht den schicksalhaften Apfel gegessen und befinden sich noch immer in den Gärten Edens Tausender und Abertausender Planeten? Oje, der Schatten des Lächerlichen legte sich über damals große theologische Fragen. Wenn eine Tragödie wirklich eine Tragödie bleiben soll, kann sie sich nicht gleich reihenweise fortsetzen: ein Christus, der nach Golgatha auf allen Planeten hinaufsteigt, löst damit eine Art »Massenpassion« aus und verliert so an Ernst. Daher bedeutet eine Behauptung wie die von Giordano Bruno, daß »es für einen rationalen und ebenso aufgeweckten Geist unmöglich ist, daß sie frei sind von ähnlichen oder, besser gesagt, von bewohnten unzähligen Welten«, sich der Gefahr auszusetzen, ein Ende zu nehmen, wie er es nahm, nämlich auf einem Haufen brennender Holzscheite auf dem Campo dei Fiori. Doch die Zeit vergeht nicht umsonst, und der Graf Bernard Le Bovier de Fontenelle konnte ein Jahrhundert später, obgleich der Sonnenkönig das Edikt von Nantes aufgehoben und die Jagd auf Protestanten wiedereröffnet hatte, die *Entretiens* über die Vielzahl der bewohnten Welten veröffentlichen und fast hundertjährig zu Hause in seinem Bett sterben.

Doch ich habe keineswegs die Absicht, hier einen Abriß über die Geschichte zu liefern, wie der Mensch, auf dem Rücken der kopernikanischen Revolution, dem Gedanken anzuhängen begann, daß es möglicherweise überall im Universum Ebenbilder von ihm gebe. Ich nehme mir also vor, wieder zur Sache zurückzukehren und dem Leser zu erzählen, wie vor mehr oder weniger hundert Jahren ein phantastisches Hirngespinst über den Himmel zu einer wissenschaftlichen Frage im strengen Sinn des Wortes gemacht wurde. Es wird berichtet, daß der Kardinal Bellarmin sich geweigert habe, durch Galileis Fernrohr zu blicken, weil es in theologischen Kreisen als unumstößliche Wahrheit galt, daß die Gestirne am Himmel unveränderlich seien und die Sonnenflecken daher nicht existieren konnten. Warum also Zeit verschwenden? Nun gut, machen wir keine Witze über unseren Kardinal, denn was ich dem Leser erzählen werde, beweist: der Blick durch ein Fernrohr ist keine absolute Garantie dafür, daß man sieht, was da ist, sondern daß man sogar das sehen kann, was nicht da ist, von dem man aber fest glaubt, daß es da sei.

Mit anderen Worten – der Leser möge mir die epistemologische Moralpredigt gestatten –: das Sehen ist inniger Bestandteil des Glaubens, das Auge muß dem Gehirn Rechenschaft ablegen, das draußen wie drinnen Beobachtungen anstellt und sowohl mit Wahrnehmungen als mit Träumen lebt und so – wenn das Wortspiel erlaubt ist – das Oneirische mit dem Empirischen verwechseln kann und umgekehrt. Hat der Leser etwa Zweifel? Dann kommen wir doch zu den Fakten: im Jahr 1877 richtet der weithin bekannte italienische Astronom Giovanni Virginio Schiaparelli sein Teleskop auf den Mars und entdeckt auf der Oberfläche des roten Planeten ein dichtes Netz von Kanälen. Sie sind von gewaltiger Größe und mit einer so geometrischen Strenge angeordnet, daß man die Existenz eines intelligenten Plans vermuten muß. Ein Traum, der dazu verdammt ist, sich beim ersten Licht des Morgens zu verflüchtigen? Wenn es so ist, muß es sich dabei um eine Emanation des kollektiven Unbewußten handeln, vorausgesetzt, daß es das gibt; denn gleichzeitig verkünden zwei andere berühmte Astronomen, Burton und Dreyer, die nicht die geringste Ahnung von den Beobachtungen des Italieners haben, sie hätten das gleiche Phänomen beobachtet. Diese Nachricht macht Epoche. Man ruft, daß Giordano Bruno und der tüchtige Fontenelle recht gehabt hätten. Es gebe Wesen, die jenseits der irdischen Sphäre denken! Diese parallel oder schräg angeordneten Kanäle seien Zeugnis dafür, daß dort oben ein Ebenbild des Euklid am Werke sei. Von diesem Augenblick an richten

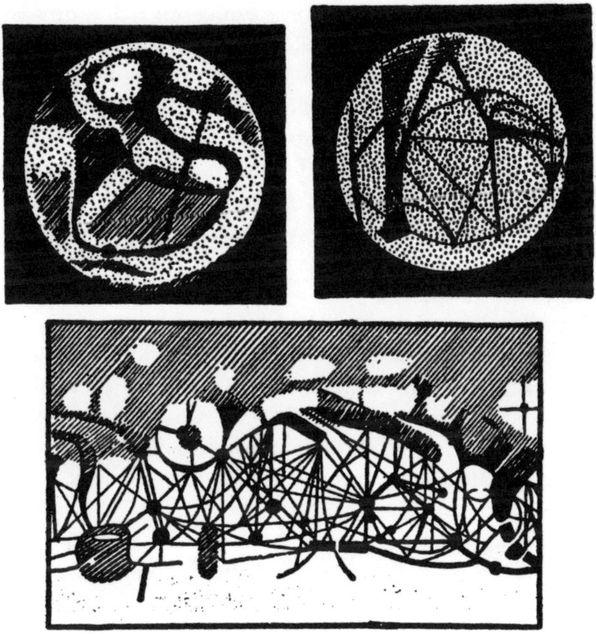

Marskanäle. Oben: weniger deutliche Kanäle, links; für das Auge klarer durchgeformte Kanäle, rechts. Unten: an den Überschneidungspunkten der Kanäle »sieht man« dunkle Flecken: Oasen oder möglicherweise Großstädte?

sämtliche Astronomen ihre Fernrohre auf den Mars und sehen, o Wunder, Kanäle, viele, viele Kanäle! Ihre Zahl vermehrt sich auf wunderbare Weise, und nach ein paar Jahren bestätigt eine kleine Zählung, daß es inzwischen über vierhundert sind. Zudem beginnt dieses geheimnisvolle hydraulische Netz zu leben: einige

Kanäle füllen sich auf, andere entleeren sich – dies ist aus der wechselnden Farbe ersichtlich. So wird vermutet, daß die chromatischen Veränderungen dieser flüssigen Adern von jemandem beeinflußt würden, daß die Überschwemmungen und die Trockenzeiten möglicherweise von genauen Bewässerungs- oder Navigationskalendern abhingen. Alle, oder doch fast alle Astronomen leisten einen Meineid auf ihre »Realität«; wer es nicht glaubt, blicke doch einfach durchs Teleskop... und lasse sich eines Besseren belehren. Christie, Perrotin, Proctor, Lowell, Douglas und viele andere mehr vervielfältigen die Beobachtungen und zeichnen Karten. Camillo Flammarion, ein Liebhaber alles Wunderbaren, wo immer es sich findet, ist der weitaus Begeistertste und läßt zwei Bücher drucken, in denen er die größte Traumkarte abbildet, die wir besitzen.

Ein ausgesprochener Rorschach der Astronomie! Die Suche nach Kanälen wird die Suche nach einem neuen Gral, und überall redet man nur davon. Aber Flammarion ist nicht der einzige, der, unwissentlich, die Grenzen der Wissenschaft zum Science-fiction-Bereich überschreitet. Der tüchtige Lowell phantasiert auf vollen Touren: der Mars, so schreibt er, ist ähnlich wie die Erde, an seinen Polen befinden sich Eiskappen, er hat Meere und aus ihnen emporgestiegenes Land, auf dem eine üppige Vegetation gedeiht, die sich mit dem Wechsel der Jahreszeiten verändert.

Die Kanäle? Aber ich bitte Sie, denken Sie doch nur daran, wie die Ägypter seit eh und je mit dem Nil umgegangen sind, dem Vater der Flüsse. Die Marsmenschen ihrerseits, ausgerüstet mit unvorstellbar riesenhaften technischen Hilfsmitteln, haben ein gigantisches hydraulisches Netz gegraben, um das Wasser von den Polen über die gesamte Oberfläche ihres Planeten zu leiten und ihn so fruchtbar zu machen. Doch man sieht an den Kreuzungspunkten der Kanäle sogar große Oasen, möglicherweise sind es auch Großstädte... über einhundertfünfzig von ihnen können gezählt werden!

Aber leider... nur allzu bald beginnen aus dem Nebel der Begeisterung mißtönende Stimmen hervorzutreten. Die üblichen ungläubigen Thomase, die einem immer die Stimmung vermiesen. Es ist überhaupt nicht schwer, flüstern diese bösen Kerle, die notwendigen Dimensionen zu errechnen, damit ein Kanal am Teleskop sichtbar wird; man braucht ja nur einmal grob zu überschlagen: die von allen Marskanälen überzogene Oberfläche ist größer als die des gesamten Planeten. Mithin müssen also ein paar Kanäle zuviel gesichtet worden sein oder aber ein paar von ihnen sind gleich zweimal in die Rechnung eingegangen.

Der Zweifel, der ja immer etwas Heilsames an sich hat, läßt die Astronomen vorsichtiger werden, und es scheint, als würde er ihre Augen beziehungsweise ihre Teleskope klarer sehen lassen.

Nach und nach kommt die Wahrheit ans Licht: auf dem Mars gibt es keine ausgesprochenen Kanäle, sondern nur eine Ansammlung dunklerer Flecken, die später aufgrund von Instrumentenfehlern miteinander verbunden wurden, wie Charles André behauptet, und aufgrund einer von fehlgeleiteten Vorstellungen eingegebenen Vision. Als handle es sich um einen Zauber, werden die Kanäle weniger und die Flecken größer, und im Lauf der Zeit tragen immer genauere optische Vorrichtungen und von der Entzauberung gepackte Astronomen dazu bei, die illusorischen Karten zunichte zu machen und sie dem Delirium einiger uninformierter, starrköpfiger Science-fiction-Autoren zu überlassen. Wenn ich behaupte, daß dieser kollektive Traum aufzeigt, wie prekär die Realität der Wissenschaft ist, bedeutet das nur, eine Wahrheit zu formulieren, die jedem längst deutlich geworden zu sein scheint, und ein weiteres Mal den Beleg dafür zu erbringen, daß Wissenschaftler – willentlich oder unwillentlich – lügen können. Außerdem lügt jeder, und es gibt keinen Grund, weshalb Astronomen, Biologen oder Paläontologen besser sein sollten. Doch im Fall der Marskanäle kann man versuchen, die Sache mit ein bißchen größerer epistemologischer *Souplesse* neu zu lesen, die sie transparenter macht.

Mir scheint der in Anlehnung an Edmond Perrier und vor allem an die Gestalt-Psychologen formulierte Gedanke richtig, daß, ebenso wie die Natur die Leere verabscheut, der Mensch die Unordnung und die Diskontinuität nicht liebt und daher, wo immer er kann, dazu neigt, seine visuelle Wahrnehmung zu »formalisieren«. Zum Beispiel haben wir von jeher am Himmel keine willkürlich gesetzten Lichtpunkte gesehen, sondern Konstellationen, auch wenn es die idealen Linien, die auf scheinbar unwiderstehliche Art die »lieblichen Sterne des Bären« miteinander verbinden, nicht gibt, außer in unserer Vorstellung. Das Auge nimmt Sterne wahr, das Gehirn Konstellationen, und der Leser möge mir verzeihen, wenn ich den Gedanken jetzt etwas banalisiere, um ihn verdaubarer zu machen. Deshalb hat der Mensch, der die Geometrie erfunden hat, von Pythagoras bis Cézanne versucht, der Welt eine geometrische Form zu geben und überall Strukturen und Symmetrien zu entdecken. Form gibt ihm Sicherheit, Ungeformtes verunsichert ihn. Vielleicht ist das ein Grund dafür, weshalb die moderne Kunst niemals wirklich populär geworden ist. Wie könnte sie das auch? Sie setzt auf den Fleck, auf das Ungleichgewicht, auf den Zufall. Doch den experimentellen Gegenbeweis, wenn ich das einmal so nennen darf, daß es gerade dieses Bedürfnis nach Ordnung der Wahrnehmung gewesen ist, das Flecken in ein Netz von Kanälen umwandelt, haben zwei »abtrünnige« Astronomen, Maunder und Evans, erbracht und ganz sicher auf geniale Weise. Eines schönen Tages hatten die beiden beschlossen, eine Karte mit der fleckigen Oberfläche des Planeten Mars Kindern aus Grundschulklassen zu zeigen, und sie aufgefordert, »eine Kopie davon anzufertigen«. Und jetzt geschieht das Wunderbare: die kleinen Künstler machten sich mit viel Schwung ans Werk, und ohne daß sie irgend etwas von Astronomie wußten, stellten viele von ihnen Verbindungslinien zwischen bestimmten Flecken her, wobei eine Karte entstand, die der ursprünglichen Karte von Schiaparelli sehr ähnlich sah. Sie hatten so die Marskanäle neu erfunden! Schließen wir die alte Querele mit einem Aphorismus ab: man sieht, was man glaubt, oder: man glaubt, also sieht man. Ganz nach Belieben.

Aber wenn wir nun diese doppelbödigen Breiten verlassen, die Bestürzung und einen chronischen Zustand von Beunruhigung hervorrufen, empfinden wir das Bedürfnis, einen offensichtlicheren Pinocchio wiederzufinden, den man des Betrugs bezichtigen kann, ohne selbst Position zu beziehen. Aus Neigung zur Symmetrie, die jeder Wissenschaftler insgeheim weiter verfolgt, auch wenn er mit stochastischen Phänomenen befaßt ist, möchte ich gerne zum Ausgangspunkt zurückkommen: ich habe meinen Flug von der Paläontologie aus begonnen und dorthin kehre ich jetzt zurück, weil ich einen der aufsehenerregendsten und zugleich eindeutigsten Betrugsfälle unseres Jahrhunderts beschreiben will.

Doch bevor ich noch einmal die Paläontologen in den Zeugenstand rufe, um zu zeigen, daß sie nicht parteiisch sind, und um ihr Wohlwollen und ihre Nachsicht zu erbitten, will ich mich einen Augenblick lang bei einem kleinen Schwindel aufhalten, der meine Arbeit als Entomologe betrifft: die geheimnisvolle Verkleidung eines Falters. Im Jahr 1763 beschreibt der große Carl von Linné einen Schmetterling, den *Papilio eclipsis*, eine bis dahin unbekannte Spezies. In der zwölften Auflage seines *Systema Naturae* klassifiziert er dieses Insekt als einen Verwandten des *Papilio (Gonepterix) rhamni*, des allseits bekannten Zitronenfalters mit schwefelgelben Flügeln. Eine merkwürdige Koinzidenz: vom *Papilio eclipsis* existieren nur zwei

Exemplare auf der ganzen Welt, nämlich die aus Linnés Sammlung, die im Museum der Gesellschaft aufbewahrt werden, die seinen Namen trägt. Aber ach, zu Beginn des vergangenen Jahrhunderts schreibt der Illustrator naturwissenschaftlicher Bücher J. Curtis, er habe ein Exemplar dieser unauffindbaren Spezies aus der Nähe untersucht und entdeckt, daß es sich um eine Fälschung handelt. Die schwarzen Flecken auf den Flügeln, die den *Papilio eclipsis* vom *Papilio rhamni* unterscheiden, waren aufgemalt worden, und die neue Spezies war nichts weiter als ein entsprechend modifizierter Zitronenfalter. Auch Fabricius hatte einige Jahrzehnte zuvor Betrug gewittert und dies in einem seiner Bücher angedeutet. Also ähnlich wie Summerlin, der einen Farbklecks auf seine Mäuschen getupft hat, hatte der große Linné mit ein bißchen Tusche die nach ihm kommenden Entomologen auf den Arm genommen.

Wir wissen, daß der Wissenschaftler in seinen letzten Lebensjahren wahnsinnig geworden war, und vielleicht sind seine Spielereien mit den Faltern als das frühe Symptom der herannahenden Krankheit anzusehen. Wer kann das wissen ...

Doch nehmen wir die Gegenüberstellung mit unseren Paläontologen wieder auf, nachdem wir ihnen in einer Art Buße diese nicht sehr erbauliche, wenngleich auch unerhebliche Geschichte von falschen und echten Faltern zum besten gegeben haben.

Seit der Beringer-Affäre sind fast zweihundert Jahre vergangen, da tritt der Piltdown-Mensch auf, um noch einmal das Gewissen der Wissenschaftler durcheinanderzubringen und sie zu warnen. Die Geschichte ist allgemein bekannt, liefert aber immer wieder Stoff für neue Fragen und ist kürzlich durch die Arbeit von Stephen Jay Gould ins Rampenlicht gerückt worden, was wieder ziemliche Wogen geschlagen hat.

Rufen wir zunächst einige Anthropologen in den Zeugenstand, die als Opfer ihrer eigenen Theorien ganz unbeabsichtigt (!) den Schwindel bestätigten. Sir Arthur Keith war ein hervorragender Anatom, ein Sezierer von Affen und Katzen, der (und das war seine Achillesferse in der ganzen Angelegenheit) die Ansicht vertrat, daß der Mensch wesentlich älter sei, ja, daß er sich im Pliozän entwickelt und vom Beginn des Pleistozäns an bis heute mit seinem großen Gehirn keine Veränderung mehr durchgemacht habe. Auf diesem Gebiet war er sozusagen ein Antikophiler. Für ihn galt es als ausgeschlossen, daß der Java-Mensch oder der Neandertaler unsere Vorfahren waren, sondern allenfalls unsere Vettern, Seitenentwicklungen, die in eine Sackgasse geraten und schließlich ausgestorben waren. Der Mensch von Gallery Hill dagegen, der 1888 östlich von London gefunden worden war, wurde von Keith für weitaus älter gehalten, obwohl er, wie später als Gegenbeweis für die starrsinnigen Anschauungen des Anthropologen eindeutig dargelegt wurde, nicht älter als an die 10000 Jahre war.

Ein Rivale unseres Anatomen, der seinerseits in die Piltdownsche Falle tappte, war ein anderer Anatom, Grafton Elliot Smith, der mehr der Moderne zugewandt und weniger von der Beständigkeit des Menschen im Pleistozän überzeugt war; er dachte, daß das Gehirn sich in den letzten 2000 Jahren auf sein heutiges Volumen entwickelt habe. Der Dritte und Farbloseste im Bund dieses wissenschaftlichen Triumvirats war Arthur Smith Woodward, Direktor der geologischen Abteilung des British Museum; er war blind gegenüber dem Schwindel, und das sowohl aus persönlichen Prestigegründen als auch aus Freundschaft gegenüber dem Hauptübeltäter in dieser Sache, dem Rechtsanwalt Charles Dawson.

Dieser Dawson hatte einen ausgezeichneten Riecher für Fossilien. Er besucht eine Kiesgrube bei Piltdown in Sussex, und die Arbeiter übergeben ihm das Bruchstück einer »Kokosnuß«, das in Wahrheit das fossile Schädelstück eines Menschen war. Im Herbst 1911 kehrt Dawson an den Fundort zurück, und die Göttin Fortuna, wenn sie es denn gewesen sein sollte, scheint ihm ihre Gunst zu schenken: er stößt auf ein weiteres Bruchstück vom selben Schädel! Im Bewußtsein der Bedeutung dieser Knochen entschließt sich unser dilettierender Paläontologe (und glauben wir ruhig seiner Version der Fakten), sich an einen Fachmann zu wenden, an eben den genannten Woodward. Der Museumsdirektor, gepackt von der Verblendung einer großen Entdeckung, entschließt sich auf der Stelle, an jenen Ort zu reisen, und dieser Expedition schließt sich auch der Jesuitenpater Pierre Teilhard de Chardin an, der künftige Theoretiker einer Evolution, die von der Amöbe bis zu Christus reicht, und der damals ein angehender Wissenschaftler war.

Die Grabungsarbeiten finden im Sommer 1912 statt, bis es zu einer Reihe wunderbarer Funde kommt: drei Stücke vom rechten Scheitelbein eines Schädels kommen zum Vorschein – drei Tage hintereinander: pro Tag ein Stück! – und am Ende das eigentliche Juwel: ein halber Unterkiefer, der haargenau – oder doch nicht so ganz? – mit den von Dawson gefundenen Knochen zusammenzupassen scheint. Aber der Fundort ist nicht nur reich an menschlichen Fossilien, nein, hier wird ein Elefantenhauer gefunden, dort das Bruchstück eines Zahns von einem Mastodon, einige Biberzähne und so fort. Sogar drei Steinwerkzeuge werden ans Licht befördert: eine wahre Gabe Gottes! Die Tierknochen und die Steinwerkzeuge beweisen, daß sämtliche Funde außerordentlich alt sind, bis ins Pliozän oder an den Beginn des Pleistozäns zurückreichen, und es sieht ganz so aus, als würde am Horizont der Wissenschaft das Phantom des von Keith herbeigesehnten Urmenschen Gestalt annehmen. Woodward tauft seinen Schädel *Eoanthropus Dawsoni*, mit anderen Worten: Mensch der Dawsonschen Morgenröte, und macht sich an die Arbeit, die Knochen und den Unterkiefer räumlich miteinander zu verbinden. Er erhält auf diese Weise einen idealen Schädel von 1070 Kubikzentimetern Volumen, und damit eine intermediäre Kapazität zwischen der der Anthropoiden und des heutigen Menschen. Gewiß, die Angelegenheit hat ihre kleinen Stechdornen, denn der Schädel ist menschlich, allzu menschlich für einen so affenartigen Unterkiefer! Doch auch in diesem Fall ist die Entdeckung des *Eoanthropus* viel zu verlockend, als daß sie nicht wahr sein könnte! Elliot Smith bemerkt ebenfalls diesen anatomischen Widerspruch, doch gegen das Schädelvolumen hat er nichts einzuwenden, und der Unterkiefer stört ihn nicht besonders: er erkennt in allem eine Bestätigung seiner Anschauung. Ganz gewiß aber kann Arthur Keith nicht zufrieden sein!

Dieser Urmensch hat einen viel zu kleinen Schädel: Woodward muß sich geirrt haben! Er macht eine neue »Rekonstruktion« und erreicht in perfekter Übereinstimmung mit seinen Erwartungen ein Volumen von 1500 Kubikzentimetern, ähnlich der Schädelkapazität des Neandertalers, der einen ganz ordentlichen Bumsschädel hatte, und der Schädelkapazität des heutigen Menschen. Am Beginn des Pleistozäns gab es also bereits einen Menschen wie uns, der sogar besser war als wir! Keith kam es nicht in den Sinn, daß seine

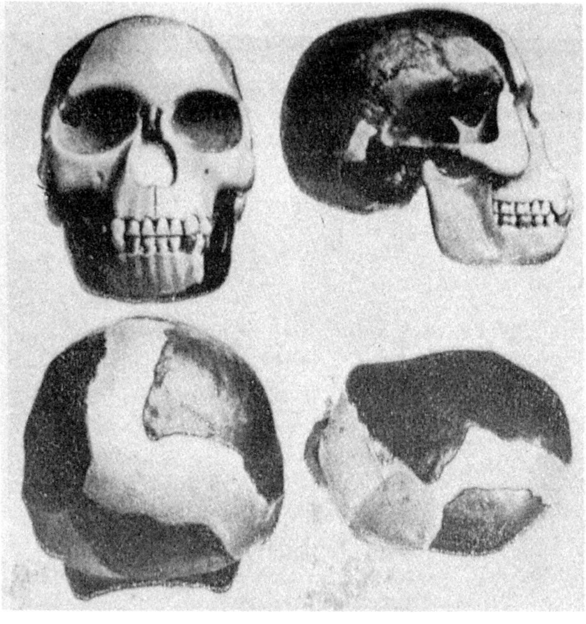

Der Schädel von Piltdown in verschiedenen Rekonstruktionen.

Rekonstruktion nicht so sehr das Alter des Menschen aufzeigen könnte, als vielmehr das junge Alter des Fundes: die wunderbare Vision von Piltdown hatte längst begonnen, den Verstand aller einzunebeln. Die Täuschung ist, wie wir bereits ausführlich belegt haben, viel verführerischer als die Wahrheit, wenn unterm Strich unsere Rechnung stimmt. Leider gibt der *Eoanthropus* Keith nur teilweise recht: er hat, wie wir bereits gesagt haben, das Gehirn eines Engels, aber den Unterkiefer eines Affen.

Den Wissenschaftler ärgert das. Doch als Teilhard de Chardin, der weiterhin vor Ort gesucht hat, einen Eckzahn zu dem bewußten Unterkiefer findet, fängt Keith an einzulenken: also gut, unsere Vorfahren waren im Schädel bereits Menschen, und damit basta! Schließlich kann man nicht alles haben!

Als Dawson, der der am meisten vom Glück begünstigte Fossilienjäger war, den es je gab, dann wieder ins Schwarze trifft und das Fossilienstück eines anderen der geheimnisvollen Bewohner, *ab antiquo*, dieser Gegend findet, ist Keith vollends überzeugt. Der *Eoanthropus*, diese Menschenchimäre, halb Engel, halb Affe, ist der Urahn der Engländer. Und selbstverständlich auch, so gütig ist er, des *Homo sapiens*. Die Jahre schwinden dahin, wie man zu sagen pflegt: manch einer glaubt, manch anderer zweifelt. Sicher, der Mensch von Piltdown hat die Logik auf seiner Seite: es ist schwer vorstellbar, daß man am selben Ort zwar einen Menschenschädel findet, nicht aber den Unterkiefer und den Unterkiefer eines Affen ohne den dazugehörenden Schädel ... Schädel und Unterkiefer mußten zwangsläufig zum selben Individuum gehören ...

Außer natürlich, daß jemand sie zusammengebracht hatte.

Doch selbst, wenn die Wissenschaftler naiv sind, arbeitet die Zeit für die Wahrheit, und die Wahrheit kommt immer ans Licht. So erscheint in den vierziger Jahren Kenneth Oakley auf der Bildfläche, ein an Anthropologie und Fossilien leidenschaftlich interessierter Geologe, der ein bißchen Licht in den Krimi von Piltdown bringt. Das Vergrößerungsglas dieses Detektivs ist der Fluor-Test. Seit langem hatte man entdeckt, daß Knochen Fluor aus der Erde absorbieren: je älter sie sind, um so reicher wird dieses Element vorkommen. Nur leider verändert sich der Anteil an Fluor in den verschiedenen Böden, und daher kann man Knochen von verschiedenen Orten nicht miteinander vergleichen. Doch das Spiel funktioniert dann, wenn die Funde vom selben Grabungsort stammen, und genau das war ja der Fall beim Menschen von Piltdown. Oakley macht sich an die Arbeit, und die Analysen liefern ein klares Bild: die Knochen der fossilen Fauna sind wirklich so alt wie sie scheinen, doch der menschliche Schädel und der Unterkiefer des Affen sind jung, viel zu jung! Joseph Wiener, ein Assistent von Professor Le Gross Clark, verwandelt sich in ein Ebenbild von Sherlock Holmes und bedient sich dessen Untersuchungsmethode. Der Piltdown-Mensch ist modern, so argumentiert er, also kann er nicht den Unterkiefer eines Affen haben. Aber wenn der Unterkiefer, so denkt er weiter, nicht Teil des Schädels ist, wie kommt er dann dahin? Die Großaffen fehlen im Fossilieninventar Europas. Irgend jemand, das ist wichtig! hat ein böses Spiel mit den Paläontologen getrieben, mein lieber Watson. Als Betrüger bezichtigt, wird der *Eoanthropus* unter Anklage gestellt. 1953 geht die Bombe hoch: das Vorgehen der Schädigung der Paläontologie ist nicht unvorsätzlich, sondern vorsätzlich und ebenso geschickt wie kompetent durchgeführt. Um es kurz zu machen: man fand heraus, daß der Schädel ins jüngere Pleistozän, der Unterkiefer dagegen einem heutigen Orang-Utan gehörte, daß die ins Spiel gebrachte Fauna aus anderen Gegenden stammte, daß der Eckzahn mit einer Stahlfeile abgefeilt wurde, daß einige Knochen chemisch gefärbt oder mit Gips behandelt oder sogar mit Ölfarbe angemalt wurden. Den *Eoanthropus* hat es nie gegeben.

Bei jedem Krimi, der etwas auf sich hält, muß der Entdeckung des Verbrechens nach verschiedenen Winkelzügen auch die Entdeckung des Schuldigen folgen. Ist das nicht so, ist die Enttäuschung groß! Im Fall des bedauernswerten Beringer gibt es wie im Fall des Mord im ›Orient-Express‹ von Agatha Christie, mehrere Schuldige: die Studenten. Das Motiv? Sie wollten sich über ihren Professor lustig machen, ein Reiz, dem man nur schwer widerstehen kann. Doch wer ist für den Schwindel von Piltdown verantwortlich? Es muß einer der Mitarbeiter gewesen sein, wie wäre er sonst über so lange Zeit in der Lage gewesen, hervorragende Wissenschaftler zum Narren zu halten. Außerdem: Was waren seine Gründe? Kurz gesagt: Wer und warum Piltdown? Natürlich hatte man an das unwahrscheinliche Glück des ersten Entdeckers der Fossilien, des Rechtsanwalts Dawson, gedacht. Hatte er, der Provinzanwalt, wie Herostratos, der den Tempel der Artemis in Brand setzte, um in die Geschichte einzugehen, wenngleich auch durch ein Verbrechen, sich etwa der Phantasie hingegeben, dem Ruhm ein bißchen auf die Sprünge zu helfen und den Nachgeborenen seinen Namen dadurch zu hinterlassen, indem er eine Entdeckung fingierte? Wenn es sich so verhielt, war es ihm beinahe gelungen: sein *Eoanthropus Dawsoni* hat über Jahrzehnte hinweg mit authentischen Fossilien in Fachbüchern über Paläontologie zusammengelebt. Außerdem sprechen wir noch immer über ihn, und vielleicht war es genau das, was sein »Erfinder« wollte. Vor kurzem hat Gould – wie bereits angedeutet – großes Aufsehen dadurch erregt, daß er einen der berühmtesten katholischen Evolutionstheoretiker unseres Jahrhunderts in den Zeugenstand gerufen hat, den Pater Teilhard de Chardin. Er und Dawson sollten sich den Schwindel ausgedacht und verbreitet haben? Was mich an der wirklich sehr schlüssigen Untersuchung Goulds am meisten überrascht hat, ist ein entscheidendes Argument: Warum spricht Teilhard, der doch an der Entdeckung von Piltdown teilgenommen, ja, sogar ein Fossil gefunden hatte, nämlich den falschen Eckzahn, fast nie oder genauer gesagt: nie, außer einmal, über den *Eoanthropus* in seinen Werken, wo doch dieses Fossil mit seinem großen Gehirn seine Theorien über den progressiven Psychismus bestens gestützt hätte? Ein merkwürdiges Schweigen also. Ein Hinweis etwa auf Gewissensbisse? Doch warum sollte Teilhard den *Eoanthropus* erfinden? Das von Gould geäußerte Motiv ist ähnlich dem von Beringers Studenten: Die Kathederwissenschaftler sollten lächerlich gemacht und der Welt gezeigt werden, wie fehlbar sie sind. Mit anderen Worten: Teilhard, jung, ausgelassen und vielleicht auch für einen kleinen Studentenspaß zu haben, habe diesen wissenschaftlichen Streich ausgeheckt, um die Großordinarien auf den Arm zu nehmen, genauso, wie die jungen Männer, die vor kurzem die Modigliani-Plastiken gefälscht und damit den Ruf der Kritiker ruiniert haben. Nur leider traf der Streich von Piltdown wegen des Ersten Weltkriegs über das Ziel hinaus. Das unechte Fossil wurde allzu ernst genommen, und irgendwann hatte Teilhard, der die Laufbahn eines Paläontologen eingeschlagen hatte, nicht mehr den Mut, seinen Kollegen gegenüber seine Missetat zu ihren Lasten einzugestehen. Ob's stimmt? Für den Augenblick haben wir das Nachsehen. Der Krimi von Piltdown hat uns zwar in der Gesellschaft einiger Verdächtiger zurückgelassen, aber einen mit Sicherheit Schuldigen haben wir nicht.

Soll man – um zum Schluß zu kommen – den Wissenschaftlern glauben? Darauf antworte ich mit einem chinesischen Sprichwort: Jederzeit, aber nicht immer.

Anhang

Wissenschaft und Wahnsinn

Im Jahr 1989 haben die Gemeinden von Ravenna und von Bagnacavallo in der Romagna einen ihrer berühmten Mitbürger des späten XVI. Jahrhunderts geehrt, Tommaso Garzoni, einen enzyklopädischen und heteroklitischen Philosophen, der vorwiegend über Berufe und Geisteskranke schrieb und folglich ein Ergonom und Psychiater *ante litteram* war.

Ich habe hier druckfrisch vor mir das Exemplar eines fotomechanischen Nachdrucks eines seiner Werke, das mich schon immer ergötzt und das die Gemeinde von Bagnacavallo eigens für die Ehrung herausgegeben hat, *L'hospidale de' pazzi incurabili* (Das Hospital der unheilbar Geisteskranken), von 1589, in welchem es sich der Kanonikus des Laterans, der er war, zum Vorsatz macht, die Ausgegrenzten je nach Gruppen ihrer geistigen Gebrechen zu beschreiben und auch einzuteilen. Garzonis Methode ist, trotz allem, die des großen Plinius: er erhebt das Hörensagen zur Wahrheit und behandelt die bibliographischen Beweisstellen wie flüssiges Gold. Obwohl sein Buch ein an sich tragisches Thema behandelt – denn Geisteskrankheiten sollten nicht auf die leichte Schulter genommen werden –, ist es von feinem Humor durchzogen, allerdings weiß ich nicht, inwieweit dies unfreiwillig ist. Andererseits stellen Witze über Verrückte einen wichtigen Bestandteil des Komiker-Repertoires auf der ganzen Welt dar, und auch Garzoni ist hierin keine Ausnahme von der Regel: er befindet sich in guter Gesellschaft.

Wie sollte man sich angesichts des Falles eines gewissen Domenicone di Guastalla das Lachen verkneifen können, wobei man vielleicht einige Gewissensbisse hat, der einen aber der unwiderstehlich komischen Situation als solcher hilflos ausliefert. Dieser Domenicone bekam aufgrund eines seiner zum Teufel gegangenen Felder mit dicken Bohnen einen derartigen Tobsuchtsanfall, daß »er innerhalb von fünf Tagen die Bohnenstangen, den Wagen und die Ochsen auffraß«? Und wie sollte man die Geschichte von Scarpaccio di Gradisca nicht erheiternd finden, der, überzeugt davon, der König der Kuckucks zu sein, auf jede Frage »Kuckuck, kuckuck, kuckuck« antwortete, im Glauben, damit eine allen verständliche Sprache zu sprechen? Der Humor ist immer schon ein Kind des Unpassenden und des Unvorhersehbaren gewesen, und Garzonis Kasuistik, die »klinische Fälle« seiner Zeit und »frühere« vermischt, wird letzten Endes zu einem richtiggehenden Brevier des Gelächters. Für die früheren Fälle soll hier stellvertretend das bei Helianus angeführte Beispiel eines gewissen Trasyllus stehen, der an etwas litt, das wir als »Größenwahn eines Reeders« bezeichnen können. Trasyllus glaubte, der Eigentümer sämtlicher Schiffe zu sein, die in den Hafen einfuhren oder aus ihm ausliefen, weshalb er beim Anblick einlaufender Schiffe großes Glück empfand, während er für auslaufende Schiffe betete, daß sie günstigen Wind und eine ruhige See haben mögen. Sicherlich hat sich Garzoni mit dem Gehirn und seinen normalen wie pathologischen Funktionen beschäftigt, und dies mit einem Wissensdrang, den wir vorbehaltslos bereits als wissenschaftlich bezeichnen können, wenngleich seine Vorgehensweise mehr als zu wünschen übrig läßt.

Ein merkwürdiger Umstand: sein Jahrhundert, das die gerade entstehende Naturwissenschaft aus der Taufe hob und damit den Primat der Logik und der Vernunft fördert, hat sich intensiv mit der Phänomenologie des Irrationalen beschäftigt und sie oft in den Mittelpunkt sowohl ihrer dichterischen wie philosophischen Betrachtungen gerückt.

Denn vergessen wir nicht, daß *Der rasende Roland* einen Fall von »Wahnsinn aus Liebe« zum zentralen Thema hat, und daß der große Erasmus von Rotterdam in seiner berühmten Schmähschrift gewissermaßen eine Neubewertung des Wahnsinns als möglichen Weg zur Erlangung der Weisheit vorgenommen hat. Deshalb war unser Garzoni sicher auch nicht der einzige, der neugierig auf die Insassen von Nervenheilanstalten war. Danach ist die Frage zulässig, warum das Jahrhundert der Naturwissenschaft zugleich das Jahrhundert des Irrsinns ist, und es scheint mir angemessen, hierauf mit folgender Beobachtung zu antworten: wenn der Wahnsinn in der Durchbrechung von Überzeugungen und Konventionen besteht, die in einer bestimmten Epoche allgemein geteilt werden, wenn er, um es kurz zu sagen, dem »gesunden Menschenverstand« widerspricht, dann hat die Wissenschaft stets genau das gleiche getan.

Darum ist das Jahrhundert der Irren notwendigerweise auch das Jahrhundert der Wissenschaftler. Soll ich dafür den einen oder anderen Beweis beibringen? Hier sind zwei außergewöhnlich einleuchtende Beispiele.

Im Jahr 1543, einem wahrhaftigen Wunderjahr, werden die beiden Werke gedruckt, die die Naturwissenschaft so, wie wir sie heute verstehen, begründen. Merkwürdigerweise scheinen die beiden gleichzeitig veröffentlichten Bücher eine Allegorie der Hauptidee mittelalterlichen Philosophierens darzustellen, nämlich der Vorstellung, daß der Makrokosmos, das Universum, im Menschen, dem Mikrokosmos, auf engstem Raum zusammengefaßt ist, und daß, um es verkürzt zu formulieren, der Himmel wie der Körper nach unterschiedlichem Maßstab vor den Spiegel des jeweils anderen gestellt werden müssen. Ich sagte Allegorie, denn von den beiden genannten Werken war das erste eines über Astronomie, das zweite eines über Anatomie; das eine beschäftigte sich mit dem Sonnensystem, das andere mit dem System des Körpers. Es handelte sich um *De revolutionibus orbium coelestium* von Nikolaus Kopernikus, mit dem die moderne Astronomie ihren Anfang nimmt, und um *De humani corporis fabrica* von Andrea Vesalio, mit dem die moderne Anatomie beginnt. Der Erforscher des Himmels und der Erforscher des Körpers entwerfen damit im selben Jahr die Grundlagen für jene auf Beobachtung und Experiment beruhende Wissenseinübung, die William Harvey und Galileo Galilei der Aufmerksamkeit und Zustimmung der Nachwelt auferlegen.

Aber mit Sicherheit haben die beiden genannten Bücher auf die Menschen des 16. Jahrhunderts extravagant und unsinnig gewirkt. Jeder, der nach Osten schaut, sieht die Sonne aufgehen, er folgt ihr im Verlauf des Tages, während sie am Himmel dahinzieht, er sieht sie im Westen untergehen und am nächsten Tag, so Gott will, auf der anderen Seite wieder aufgehen. Es gibt aufgrund der allgemeinen Erfahrung keinen Zweifel, daß es die Sonne ist, die sich bewegt. Aber nein, da tritt irgend so ein komischer Kanonikus hervor und behandelt uns insgesamt wie die letzten Trottel. Er sagt, man dürfe den eigenen Augen nicht trauen, weil es nämlich nicht die Sonne sei, die sich bewegt, sondern die Erde; zudem ist er so dünkelhaft, daß er meint, er könne dem Ptolemäus und der Heiligen Schrift widersprechen, die beide das Gegenteil behaupten. Kopernikus muß also einen kleinen Sprung in der Schüssel haben, anders kann man sich das nicht erklären. Zum Beweis dafür berichtet Argus Armitage in seiner Biographie über den revolutionären Astronomen, daß im Jahr 1531, als das heliozentrische Weltbild längst schon sozusagen Allgemeingut geworden war, während eines Karnevalsfestes in Preußen jemand in der Maske eines Astronomen aufgetreten ist, der die Sterne betrachtete, und man geht wohl nicht fehl in der Annahme, daß es sich hierbei um eine Anspielung auf Kopernikus handelte. Man sah ihn in den Gewändern eines Narren und, schlicht ausgedrückt, Verrückten. Doch auch Martin Luther hatte die Meinung vertreten, daß Kopernikus ganz offensichtlich ein Armer im Geiste sei, der dazu neige, Glühwürmchen für Laternen zu halten, und noch der große Melanchthon wird sechs Jahre nach dem Tod des Astronomen ein kleines Buch über diese Frage veröffentlichen, in dem er diesen Befund bestätigt.

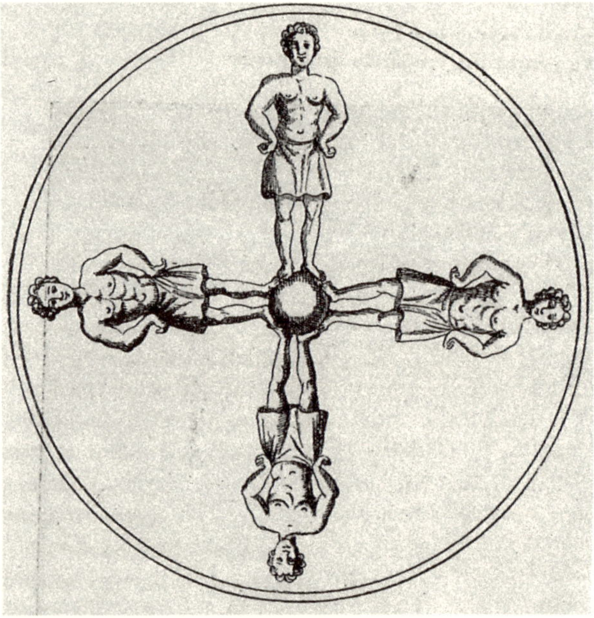

Mittelalterliche Darstellung, die die Vorstellung von der Rundheit der Erde widerlegen und lächerlich machen sollte.

Andererseits hatte, wie der amerikanische Physiker Banesh Hoffmann annimmt, auch der Übergang von der Vorstellung von einer flachen Erde zu einer runden Erde eine deutliche Durchbrechung des gesunden Menschenverstandes dargestellt. »Diese Vorstellung«, schreibt er, »muß den meisten Menschen anfangs wie ein absolutes Hirngespinst vorgekommen sein.« Während der legendären Auseinandersetzung zwischen Christoph Columbus und den Philosophen von Salamanca wurde der große Genueser nicht nur der Häresie verdächtigt, sondern gar für verrückt gehalten, und er scheint allgemeine Heiterkeit ausgelöst zu haben. Nein, diese bedauernswerten Menschen auf der anderen Seite der Erde: gezwungen zu sein, immer mit dem Kopf nach unten leben zu müssen!

Andrea Vesalio wurde nicht direkt vorgeworfen, verrückt zu sein, doch immerhin nekrophil, und weil Perversionen im allgemeinen für psychopathologische Äußerungen gehalten werden, geht die Rechnung auch in seinem Fall auf. Denn wie soll man den Geisteszustand eines Menschen für gesund halten, der sein Leben dem Zerteilen und Durchsuchen von Leichen widmet? In seiner *Fabrica* finden wir unter anderem wirklich Staunen erregende Abbildungen, die die mittelalterliche Allegorie des »Totentanzes« mit dem pädagogisch-visuellen Aspekt eines nach allen Regeln der Kunst gestalteten wissenschaftlichen Handbuchs verbinden zu wollen scheinen. Vesalio zeigt hier in Fortführung und Präzisierung dessen, was bereits in den recht verallgemeinernden Illustrationen von Berengario da Carpi aufgezeigt worden war, ein hamletisches Skelett, das auf seinen Sarkophag gestützt meditiert; dort ein anderes Skelett, das uns mit einer Schaufel in der Hand, genauer gesagt in den Handknochen, seine Absicht vermitteln will, sich sein Grab zu schaufeln, um dahin zurückzukehren, woher es gekommen ist, nämlich unter die Erde. Man weiß nicht, was man von diesem »Theater der Knochenmänner« halten soll, es sei denn, man denkt, daß der Urheber dieser Inszenierung zumindest ein bißchen extrava-

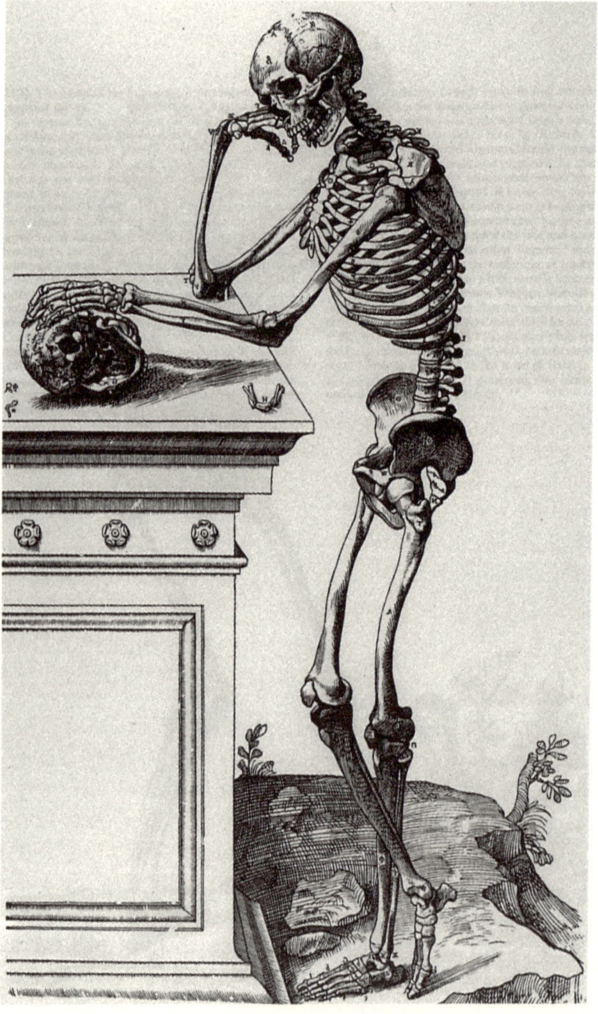

A. Vesalio, De humani corporis fabrica, Tafel XXI.

gant ist oder besser noch: einer, der an Halluzinationen leidet und die Absicht hat, uns über seine dunklen Phantasiewelten Bericht zu geben. Wenn Kopernikus wie ein Verrückter mit klarem Verstand erscheinen mußte, der zu Späßen neigte, wurde Vesalio andererseits für einen makabren Geisteskranken gehalten: die schwarzen Legenden über ihn hatten sich bereits zu seinen Lebzeiten unglaublich vermehrt und seine wissenschaftliche Ehrbarkeit in Zweifel gezogen. Man erzählte sich, er würde nicht nur Leichen, sondern auch lebende Menschen sezieren und habe mit dem Skalpell den vermeintlich toten, dann aber doch nicht toten Körper eines Mädchens geschändet. Es hieß, um es kurz auszudrücken, er sei eine Art seiner Zeit vorauseilender Doktor Mengele gewesen, und es fällt schwer, in dem finsteren Arzt von Auschwitz gesunde Geisteskräfte zu vermuten.

In Garzonis Buch über die Geisteskranken fehlt ein die Naturwissenschaftler betreffender »Diskurs«, aber das ist nur deshalb so, weil diese Zunft sich gerade erst zu entwickeln begonnen hatte. Doch die Vorstellung, daß es eine Beziehung zwischen Wissenschaft und Wahnsinn gebe und die Wissenschaftler konstitutionell ein bißchen verrückt seien, durchzieht die Jahrhunderte und gelangt bis zu uns, wo sie in den unheilvollen Genies menschliche Gestalt annimmt, die lebende Leichen oder irgendwelche Höllenmaschinen erfinden und das Thema für Hunderte und Aberhunderte Bücher und Science-fiction-Filme abgegeben haben. Der Grund für dieses mythologische Fabulieren ist immer der eine: die Ideen des Wissenschaftlers widersprechen dem gesunden Menschenverstand und

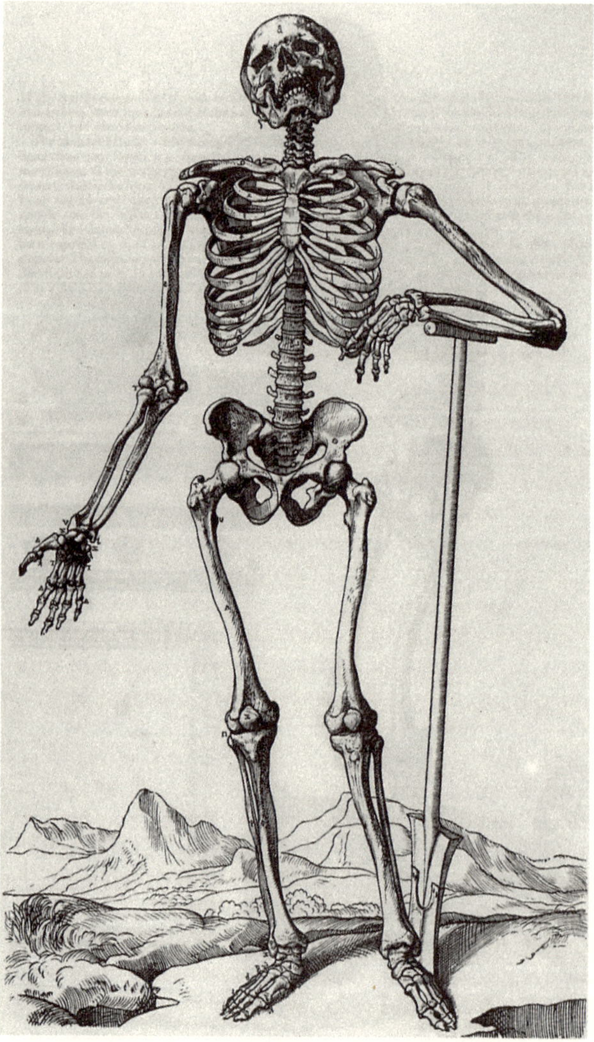

A. Vesalio, De humani corporis fabrica, Tafel XXII.

folglich befinden sie sich jenseits dessen, worauf alle Menschen bereit sind, einen Meineid zu leisten.

Zum Beispiel: es stimmt zwar, daß sich Affen ähnlich sehen, sich vielleicht sogar in beunruhigender Weise ähnlich sehen; aber daß sie Tiere sind und weiter nichts, darüber hat es, himmeldonnerwetternochmal, nie einen Zweifel gegeben! Doch nein, da kommt ein gewisser Charles Darwin und behauptet, unser Großvater sei, das sagen wir jetzt einfach mal so, Schimpanse gewesen! Diese Hypothese verleitet den Bischof Wilberforce zu dem sarkastischen Satz: »Sind Sie väterlicher- oder mütterlicherseits Nachkomme von Affen?«, mit welchem er Thomas Huxley, den »Pflichtverteidiger« Darwins, niederstreckt. »Mein Gott«, ruft eine beängstigte Dame in einem viktorianischen Salon aus, »wir stammen von den Affen ab? Hoffen wir wenigstens, daß es sonst keiner weiß!« Viele haben ganz sicher gedacht, daß Darwin, ein so hervorragender Naturforscher! den Verstand verloren habe.

Und gilt es nicht als eine auf der tagtäglichen Seherfahrung beruhende Gewißheit, daß Parallelen zwei Geraden sind, die sich nicht treffen? Aber ich bitte Sie! Man braucht doch nur hinzuschauen! Und dann kommen da ein paar abenteuerliche Mathematiker an, die nicht dieser Meinung sind und geometrische Modelle vorschlagen, die den Euklidischen Axiomen widersprechen, trotz aller Offensichtlichkeit. Was soll man denn von einer Geometrie halten, bei der die Parallelen sich treffen und bei der der kürzeste Abstand zwischen zwei Punkten nicht eine Gerade, sondern eine Kurve ist? Das ist doch Wahnsinn. Genau: Wahnsinn.

Das Tolle ist nur, daß der Fortschritt der Wissenschaft dieses Auseinanderklaffen zwischen ihren »Wahrheiten« und dem gesunden Menschenverstand noch unterstrichen hat, und in unserem Jahrhundert haben wir Punkte äußerst scharfer »epistemologischer Unglaubwürdigkeit« berührt. Daß die Zeit etwas Feststehendes für alle sei und unumkehrbar in eine bestimmte Richtung verlaufe, sind sehr alte Überzeugungen, die die Menschen aller Epochen miteinander geteilt haben. Statt dessen kommt Albert Einstein daher und stiftet Unfrieden: er fegt einfach jede Gewißheit beiseite, läßt die Zeit nicht mehr von der Uhr bestimmen, sondern vom Betrachter, und zieht die Möglichkeit in Betracht, daß, wann immer die Lichtgeschwindigkeit erreicht oder übertroffen wird, eine Umkehrung der Zeitabfolge eintritt. Damit bestätigt er das Unternehmen, von dem in einem Liedchen die Rede ist, das unter seinen Studenten als Spottlied auf ihn die Runde machte, wonach eine gewisse Frau Saetta in eine relative Straße einbiegt und »am Abend vorher« nach Hause zurückkehrt. Das sind natürlich derart absurde Geschichten, daß man darüber nur lachen kann. So wie man auch über eine witzige Bemerkung lachen kann, die sich, ich weiß nicht, wie sehr, an der Relativitätstheorie orientiert, und die ich in dem Film *Apropos Mord* gehört habe. »Ich habe das Schiff verpaßt.« – »Aber es fährt doch erst morgen.« – »Ich hab's eben schon im voraus verpaßt!«

Aber die gesamte Physik des 20. Jahrhunderts kommt dem Mann von der Straße paradox vor und daher auch verrückt und komisch zugleich. Lesen wir, zum Beispiel, die Zusammenfassung eines Reith-Vortrags, den Robert Oppenheimer, der Vater der Atombombe, für die British Broadcasting Corporation 1953 gehalten hat.

In ihm behandelt er das Unzureichende des gesunden Menschenverstandes für das Verstehen der modernen Infinitesimal-Physik. »Ein Elektron«, sagt er an einer bestimmten Stelle (ich übersetze so gut wie möglich), »muß man sich manchmal wie eine Welle vorstellen, die sich kontinuierlich bildet und Interferenzen aufweist, die in optischen Laboratorien erforscht worden sind, manchmal wie ein Teilchen mit einer stets genau definierten, diskreten, individuellen Position im Atom.« Einfach ausgedrückt, wir müssen glauben, daß zwei Dinge gleichzeitig unterschiedlich und identisch sind, und daß ein Standpunkt genausogut ist wie ein anderer. Das »Es ist, wie es Ihnen scheint« von Luigi Pirandello ist also Teil der Physik unserer Zeit geworden? Doch in dem Augenblick, in dem ein Widerspruch zugleich zugegeben und negiert wird, ist das Resultat komisch. Die vier Himmelsrichtungen sind drei, heißt es in einem Witz: Norden und Süden. Das Licht ist eine Welle, folglich ein Teilchen; es ist, als würde man den Aphorismus »Ich ist ein anderer« von Arthur Rimbaud wiederlesen, der wenigstens eingestand, daß er *dérégler tous les sens* wollte, was heißt, daß er sich vornahm, sich ganz bewußt auf die Seite des Wahnsinns zu stellen.

Abschließend möchte ich noch einmal feststellen, daß zwischen dem Wissenschaftler und dem Mann von der Straße immer ein gewisses Mißtrauen herrschte, und daß der letztere sich vor seiner Bewunderung für und seiner Furcht vor den »Brahmanen des

Wissens« in acht genommen hat und noch in acht nimmt, indem er an ihm den Geruch des Wahnsinns wahrnimmt und über ihn lacht. Das Lachen wird ihm vergehen, wenn er entdeckt, daß der Wahnsinn des Wissenschaftlers verhängnisvoll und allumfassend geworden ist. In Hiroshima hat man für immer aufgehört, über Oppenheimer zu lachen.

Inhalt